FELICITAS MOKLER

DIE EVOLUTION DES UNIVERSUMS

FELICITAS MOKLER

DIE EVOLUTION DES UNIVERSUMS

VOM URKNALL
BIS IN DIE EWIGKEIT
NEUE ERKENNTNISSE
DER KOSMOLOGIE

KOSMOS

INHALT

GELEITWORT

Die Astrophysik befindet sich derzeit in einer goldenen Phase, in der die Entdeckungen und Erkenntnisse geradezu auf uns herunterregnen. Neueste Beobachtungsmöglichkeiten über einen weiten Bereich verschiedener Technologien eröffnen Fenster in das Verständnis unseres Universums, die Antworten auf fundamentale Fragen erlauben: Woher kommen wir? Und wohin gehen wir? Wie entstand das Universum und was ist sein Schicksal? Wie entstand das Sonnensystem und wie das Leben? Weithin sichtbarer Beweis für die Relevanz dieser Forschung sind die Physik-Nobelpreise, die in den letzten Jahren vermehrt für Themen aus der Astronomie, Astrophysik und Teilchen-Astrophysik vergeben wurden. Die Hälfte der Nobelpreise im vergangenen Jahrzehnt betraf diese Themen: Dunkle Energie (2011), Neutrino-Oszillationen (2015), Gravitationswellen (2017), Kosmologie und Exoplaneten (2019) und Schwarze Löcher (2020).

Röntgenstrahlen und immer energiereichere Gammastrahlen geben zum Beispiel Einblicke in die Umgebung supermassiver galaktischer Schwarzer Löcher. Gravitationswellen und die ebenso schwer fassbaren Neutrinos übertragen Signale von weit entfernten kosmischen Explosionen. Die energiereichsten Teilchen der kosmischen Strahlung zeugen von den größten Beschleunigern im Universum. Neue Fenster ins All werden aufgestoßen, wenn Wissenschaftler und Ingenieure Technologien und Methoden entwickeln, mit denen neue Phänomene entdeckt oder bekannte Prozesse mit immer größerer Präzision vermessen werden. Mit dem gemeinsam zwischen der NASA, der ESA und der Kanadischen Weltraumagentur entwickelten Infrarot-Welt-

Dunkle Geheimnisse: Die berühmte Galaxiengruppe „Stephans Quintett" wirkt in der Infrarotaufnahme des James Webb Space Telescope völlig anders als im Optischen (vgl. Kapitel 6, S. 193). Hier treten zuvor unsichtbare Details in der Struktur hervor. Solch enge Galaxienkonstellationen haben sich im frühen Universum häufiger getummelt. Angetrieben durch einfallendes Material auf ihre zentralen Schwarzen Löcher, leuchteten sie damals vermutlich als helle Quasare.

raumteleskop James Webb Space Telescope ist ein extrem leistungsfähiges Werkzeug hinzugekommen, das uns spektakuläre Informationen, unter anderem über das früheste Universum, übermittelt. Meiner Meinung nach stehen wir kurz vor einem Durchbruch, mit dem wir hoffentlich einige der dunkelsten Rätsel des Universums – Schwarze Löcher, Dunkle Materie und Dunkle Energie – erhellen können.

Mit dem Buch *Die Evolution des Universums* ist es Frau Mokler gelungen, diese spannenden neuen Entwicklungen in die klassische Geschichte der Astronomie und Kosmologie einzuweben, ohne die allgemeinverständliche Darstellung der Grundlagen aus dem Auge zu verlieren. Insbesondere die faszinierenden astronomischen Bilder, aber auch die anschaulichen Grafiken machen das Lesen des Buches und das Verstehen der Zusammenhänge zu einer Freude.

Prof. Dr. Günther Hasinger
Ehemaliger Direktor für Wissenschaft der Europäischen Weltraumorganisation ESA
Wissenschaftlicher Geschäftsführer am Deutschen Zentrum für Astrophysik

PROLOG

Als ich im November 2021 eine Konferenz über Dunkle Energie und Gravitation am Munich Institute for Astro- and Particle Physics in Garching besuchte, hatte ich ein interessantes Déjà-vu-Erlebnis. Eines Nachmittags machte ich mich nach den Vorträgen vom Forschungsgelände zu Fuß auf in den Ort. Nach einem sonnigen Tag war es schon dämmrig geworden und recht frostig. Der Weg war anfangs gesäumt von Gebüsch, später verlief er zwischen flachen Feldern hindurch. Jede Biegung war mir wohl vertraut, beinahe war mir so, als würde ich noch jeden einzelnen Baum wiedererkennen. Vor vielen Jahren, während meiner Doktorarbeit, war ich hier täglich mit dem Fahrrad gefahren. Viele schöne Erinnerungen kamen in mir hoch.

Doch so manches hatte sich seither auch verändert. Ein Teil der Felder lag nun brach, an einem tat sich eine weite Baugrube auf. Und ich selbst lebte nun ein völlig anderes Leben als damals als Doktorandin. Es kam mir vor, als sei ich in eine Zeitschleife geraten, in der sich Altes mit Neuem zu vermischen schien. Zu der Konferenz war ich gefahren, weil ich wissen wollte, wie es um das Universum steht, oder besser noch: um unser Weltbild. Seit einigen Jahren schon zeichnet sich in der Kosmologie eine große Debatte ab: Die Messungen zur Expansion des Universums scheinen nicht übereinzustimmen, wenn sie nach zwei grundverschiedenen Methoden gewonnen werden. So etwas lässt die Wissenschaftler immer aufhorchen, und das zu Recht.

Mittlerweile deutet vieles darauf hin, dass das Dilemma nicht – zumindest nicht ausschließlich – an Messfehlern liegt. Die Ursache muss also diesmal fundamentalerer Natur sein. Astrophysiker und

Kosmischer Reichtum: Modernste Beobachtungstechniken wie das Vera Rubin Observatory liefern brillante Bilder vom Kosmos wie nie zuvor. Hier zu sehen ist ein Ausschnitt des Virgo-Galaxienhaufens.

Kosmologen haben begonnen, die Grundfesten, auf denen unser heutiges kosmologisches Modell fußt, in Frage zu stellen. Damit befinden sie sich erstaunlicherweise in einer ganz ähnlichen Situation wie ihre Kollegen vor 100 Jahren: Damals endete nicht nur eine über mehrere Jahrhunderte andauernde Debatte darüber, ob die Spiralnebel zur Milchstraße gehören oder als eigenständige Sternsysteme anzusehen seien. Im Jahr 1923 beobachtete Edwin Hubble den ersten veränderlichen Cepheiden-Stern im Andromeda-Nebel. Dank der Erkenntnis von Henrietta Leavitt, dass sich anhand dieser regelmäßig pulsierenden Sterne die Entfernung bestimmen lässt, konnte Hubble nun nachweisen, dass der Andromeda-Nebel eine eigenständige Galaxie außerhalb der Milchstraße ist. Zusammen mit den Beobachtungen der flüchtenden Galaxien markierte diese Erkenntnis den Beginn zum Aufbruch in ein neues, expandierendes Universum. Wenige Jahre zuvor hatte Albert Einstein mit seiner Entwicklung einer neuen Theorie der Gravitation außerdem die Voraussetzungen dafür geschaffen, den Kosmos allumfassend zu beschreiben. Das bis

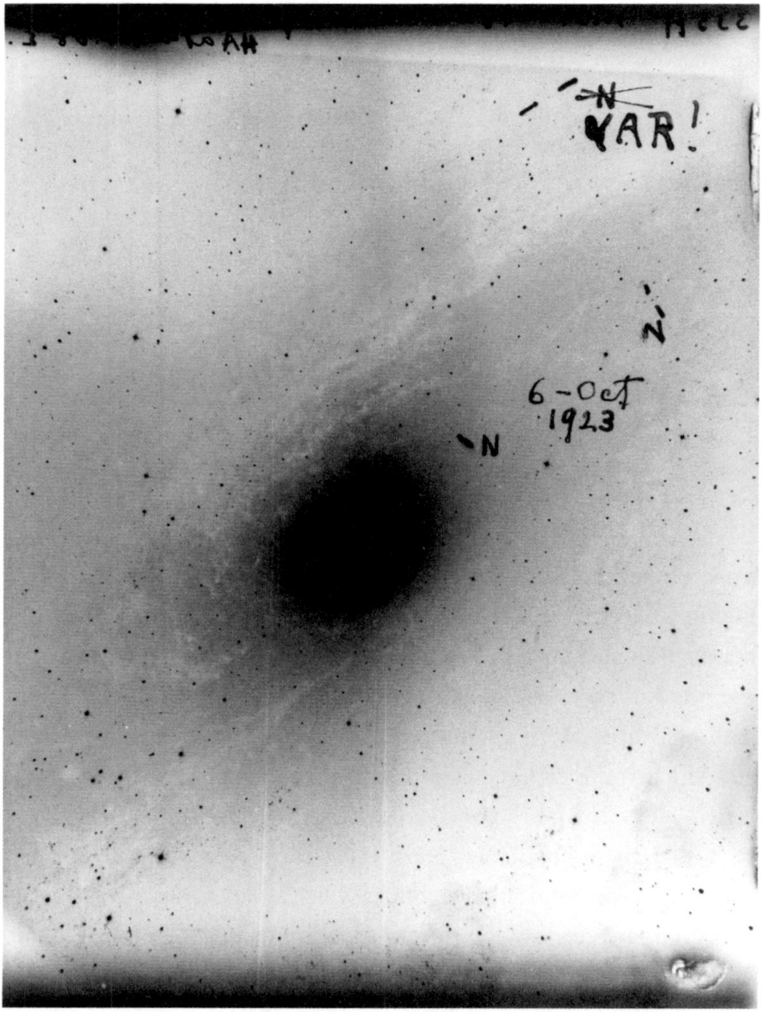

Andromeda-Galaxie von Edwin Hubble 1923: Vor etwas über 100 Jahren, am 6. Oktober 1923, gelang es Edwin Hubble, anhand eines Cepheiden im Andromeda-Nebel (M 31) dessen Entfernung zu bestimmen – und so zu zeigen, dass es sich bei M 31 um eine eigenständige Galaxie außerhalb der Milchstraße handelt. Auf diesem Negativ der Fotoplatte, aufgenommen am 100-Inch-Hooker-Teleskop, ist auch Hubbles Markierung des Cepheiden (Var!) zu sehen.

dahin vorherrschende Weltbild eines schon seit eh und je existierenden, statischen Kosmos änderte sich revolutionär.

Und doch haben wir heute einen völlig anderen Blick auf unseren Kosmos als vor 100 Jahren. In der Astrophysik ebenso wie in der Kosmologie haben wir seither gewaltig viel herausgefunden. Wir wissen, dass auch Sterne nur eine endliche Zeit existieren, dass sie während ihres Millionen bis Milliarden Jahre dauernden Lebens aber einen wichtigen Dienst am Universum tun: Sie produzieren schwere Elemente, die am Ende ihres Lebens in den Weltraum gelangen und vermischt mit der interstellaren Materie in die nächste Generation von Sternen eingebaut werden. Nur so wurde es möglich, dass sich auch Planeten bilden und schließlich Leben entwickeln konnte.

Wir haben außerdem herausgefunden, dass auch Galaxien einmal klein angefangen haben und sich erst mit der Zeit zu den Ellipsen und zahlreichen formschönen Spiralen entwickelt haben. Und dass dabei Schwarze Löcher, diese massereichen Ungetüme und doch eigentlich recht theoretischen Gebilde, die der Allgemeinen Relativitätstheorie entspringen, bei der Galaxienentwicklung eine ganz wesentliche Rolle spielen. Und nicht zuletzt haben wir beste experimentelle Beweise dafür, dass das Universum mit einem Urknall begann, seitdem expandiert und seit etwa der Hälfte seiner Existenz dies sogar beschleunigt tut.

Eine neue Ära der Kosmologie?

Unsere Erkenntnisse und unser Weltbild haben sich in den letzten 100 Jahren weiterentwickelt wie nie zuvor. Heute hat die Cepheiden-Methode ihren festen Platz in der extragalaktischen Entfernungsbestimmung. Inzwischen ist sie so ausgetüftelt, dass Astronominnen und Astronomen das Universum anhand der Präzisionskosmologie genauer vermessen können als je zuvor. Zugleich tun sich damit aber eben jene neuen Widersprüche auf, die unser kosmologisches Modell heute empfindlich auf den Prüfstand stellen.

Andromeda-Galaxie im Licht des Hubble-Teleskops: 2011 hat das Hubble Space Telescope die Region um den Cepheiden-Variablen V1 in M 31 abgelichtet (siehe Kreis), der Edwin Hubble zur Entfernungsbestimmung diente. Heute lassen sich auch die übrigen Sterne in M 31 einzeln auflösen. In den dunklen Regionen verdeckt Staub das Sternenlicht.

Vor allem sind die fundamentalen Zutaten, die nach diesem Modell ein solches expandierendes Universum bedingen sollen – die Inflation zu Beginn des Universums, die Dunkle Materie als unabdingliche Substanz für die Strukturbildung und die Dunkle Energie als treibende Kraft für die beschleunigte Ausdehnung des Universums – noch alles andere als greifbar. Stehen wir vielleicht wieder vor einem gewaltigen neuen Umbruch – ein Déjà-vu-Erlebnis etwa auch in der Kosmologie?

Dass sich Weltbilder wandeln, kam in der Kulturgeschichte der Menschheit immer wieder einmal vor. In der Antike war die Erkenntnis, dass die Erde eine Kugel sei, bezeichnend. Später mussten wir uns von dem ptolemäischen Weltbild lösen, in dem die Erde im Mittelpunkt stand und von den Planeten und Sternen auf Sphären umkreist wurde. An seinen Platz rückte das kopernikanische Weltbild mit der Sonne im Zentrum. Heute wissen wir längst, dass auch die Sonne nur einer von Abermilliarden Sternen in der Milchstraße ist, und auch unsere Heimatgalaxie nur eine unter unzählig vielen im gesamten Kosmos. Und vor allem gibt es im Universum gar keinen Mittelpunkt.

Welcher dieser Wandel wohl am tiefgreifendsten war? Kulturgeschichtlich dürfte es jener gewesen sein, der dem Menschen seinen Platz im Nabel des Kosmos absprach; wissenschaftshistorisch wohl jener zu Beginn des letzten Jahrhunderts. Die Entwicklung der Allgemeinen Relativitätstheorie ist eine, wenn nicht *die* fundamentalste Errungenschaft in den Naturwissenschaften. Begleitet wurde sie von neuen Beobachtungsmöglichkeiten, die auch experimentell unseren Blick in den Kosmos erweitert haben und die neue Theorie erst überprüfbar machten.

Und ohne den technologischen Fortschritt vor allem seit der zweiten Hälfte des letzten Jahrhunderts wäre uns der Einblick nicht nur in die Struktur des Universums, sondern auch in viele astrophysikalische Prozesse bislang verwehrt geblieben. Aber wir wären auch gar nicht in der Lage dazu, viele der aktuellen Fragen überhaupt erst zu stellen.

KAPITEL 1

AUFBRUCH IN EIN NEUES UNIVERSUM

Als die Nebel lichter wurden und das Weltall zu expandieren begann

Unsere kosmische Heimat: In einer sternklaren Nacht überspannt das blass schimmernde Band der Milchstraße das Firmament. Durch ein Teleskop betrachtet, löst sie sich in abertausende Sterne auf, die Teil unserer Heimatgalaxie sind. Dass die Spiralnebel, die den Himmel hier und da abseits der Milchstraße bestücken, andere Galaxien weit draußen im Universum sind, fanden die Astronomen erst vor wenig mehr als 100 Jahren heraus.

Am 12. Juli 2022 gingen die ersten Himmelsfotos des James Webb Space Telescope (JWST) um die Welt. Farbenfrohe Gasstrukturen und funkelnde Galaxien – bestechend schön. Doch beeindruckend waren die Aufnahmen eigentlich auf eine ganz andere Weise, denn die Farben sind nicht echt, sondern für das menschliche Auge sichtbar gemacht. In Wirklichkeit beobachtet das neue Hightech-Weltraumobservatorium im Infraroten; dieser Wellenlängenbereich liegt jenseits des sichtbaren Spektrums und ist für uns Menschen allen-

Tief geblickt: In einer der ersten Himmelsaufnahmen des James Webb Space Telescope ist der Galaxienhaufen SMACS 0723 zu sehen. Im Hintergrund verbergen sich einige der frühesten Galaxien überhaupt.

falls durch Wärmestrahlung wahrnehmbar, wenn diese intensiv genug ist.

Mit dieser Spezialisierung auf das Infrarote setzt das JWST dort an, wo das Hubble Space Telescope (HST), das uns seit mehr als 30 Jahren neue Einblicke in das Universum beschert, an seine Grenzen stößt. In speziell aufbereiteten Aufnahmen der Hubble Deep Fields lassen sich die Spuren der frühesten Galaxien erahnen, die das Universum vor rund 13 Milliarden Jahren hervorgebracht hat. Ihr Licht ist wegen der Expansion des Universums stark ins Rote verschoben, daher werden sie erst im Infrarotlicht sichtbar.

Schon in einer der ersten JWST-Aufnahmen finden sich Hinweise auf eine der frühesten Galaxien, die wir jemals zu Gesicht bekommen haben. Doch für das James Webb Space Telescope ist das alles nur der Anfang. Es ist speziell auf diese frühe Epoche des Kosmos ausgerichtet, um den Galaxien bei ihrer Geburt zuzusehen. Zugleich soll es die Frage klären, ob sich Sterne oder galaxienähnliche Strukturen zuerst gebildet haben. Historisch folgt das JWST dem Hubble Space Telescope nach, wissenschaftlich betrachtet ist es eine ganz wesentliche Ergänzung.

WELTBILDER IM WANDEL

Vor wenig mehr als 100 Jahren hätten sich Astronomen wohl kaum träumen lassen, dass die Menschheit einmal so weit in den Kosmos hinaus und in die Vergangenheit würde blicken können. Damals beschäftigte sie noch eine ganz andere, aber nicht minder relevante Frage: Sie stritten darüber, ob die Spiralnebel, die sich im Teleskop an verschiedenen Stellen des Firmaments zeigten, Teil unserer eigenen Galaxis seien oder andernfalls eigenständige Sternsysteme ähnlich der Milchstraße bildeten.

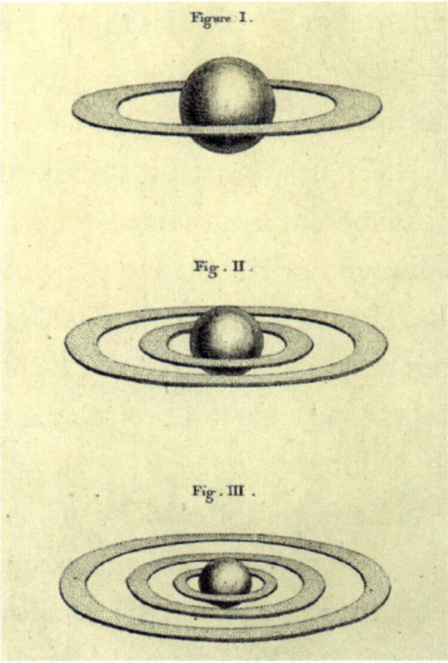

Die Milchstraße als Ringsystem? Im 18. Jahrhundert mutmaßte der englische Philosoph und Astronom Thomas Wright, dass die Sterne in der Milchstraße ähnlich dem Saturnsystem ringartig oder kugelschalenförmig um einen Mittelpunkt kreisen.

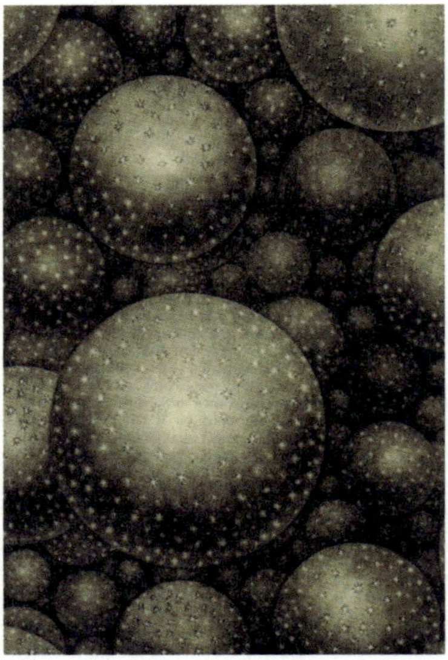

Unermessliche Schöpfung? Außerdem ahnte Wright, dass die unscheinbaren Spiralnebel ebenfalls Milchstraßensysteme sein könnten und es davon unzählige im Universum gibt.

Die Debatte darüber schwelte schon lange. Mitte des 18. Jahrhunderts musste das Weltbild eines unendlichen, gleichmäßig mit Sternen befüllten Universums, wie es Sir Isaac Newton (1643–1727) entworfen hatte, an Vollkommenheit einbüßen. Der Blick durch die immer besser werdenden Fernrohre zeigte, dass die Sterne doch nicht so gleichförmig verteilt sind, wie man es damals gerne noch einer höheren, vielleicht göttlichen Ordnung zugeschrieben hätte.

So ließ sich nun auch das blasse Band der Milchstraße teilweise in unzählige Sterne auflösen, die diese Himmelsregion im Gegensatz zum übrigen Firmament dicht aneinandergedrängt bevölkern. Das bewog den englischen Philosophen und Astronomen Thomas Wright (1711–1786) zu der Annahme, in der Milchstraße könnten die Sterne in Ringen angeordnet oder schalenartig um einen gemeinsamen Mittelpunkt kreisen. Der Mittelpunkt dieses Systems stand für Wright noch ganz im Zeichen der Schöpfung. Dennoch wagte er bereits den nächsten Schritt. Er sinnierte darüber, ob die verwaschenen Nebel vielleicht ganz ähnliche Systeme wie die Milchstraße seien und unzählige davon im Universum existierten.

Diese Ideen dachte kein geringerer als der Philosoph Immanuel Kant (1724–1804) weiter. Er entwickelte ein Modell des Kosmos, das in seinem Aufbau erstaunlich nahe an das heute beobachtbare Universum heranreicht. Kant stellte die Milchstraße als eine scheibenförmige Ansammlung von Sternen dar, die sich um ein gemeinsames Zentrum bewegen. Besagte Nebel seien ihrerseits scheiben- oder ellipsenförmige Welteninseln, die ebenfalls aus Sternen und Sternhaufen bestehen. Nach Kants Vorstellung fanden sich mehrere Milchstraßen zu Gruppen von Milchstraßen zusammen und diese wiederum zu noch höheren Ansammlungen. Diese hierarchische Struktur ähnelt den Galaxienhaufen und Superhaufen, die wir heute im Kosmos beobachten, schon sehr.

Unabhängig von Kants Werk entwickelte der Mathematiker und Astronom Pierre-Simon de Laplace (1749–1827) eine Hypothese zur Entstehung des Sonnensystems. Ihr zufolge seien Sonne und Planeten aus ein und derselben gemeinsamen, rotierenden Gaswolke entstanden – übrigens nach wie vor die Grundlage der modernen Theorie der Planetenentstehung. Nach Laplace handelte es sich bei den spiralförmigen Nebeln um solche Gaswolken, aus denen gerade neue Sonnen und Planeten entstanden.

Doch noch waren die Teleskope nicht gut genug, um die eine Hypothese bestätigen, die andere widerlegen zu können. Und so entzweiten sich die Astronomen beider Lager über 100 Jahre lang.

Erst Anfang des 20. Jahrhunderts, als die Beobachtungsmöglichkeiten ein ganzes Stück weiter ausgereift waren, sollte Bewegung in die Debatte kommen.

Damals arbeitete der junge amerikanische Astronom Vesto Melvin Slipher (1875–1969) am Lowell Observatory in Flagstaff, Arizona. Der Mäzen und Liebhaberastronom Percival Lowell (1855–1916) hatte diese Sternwarte eigentlich dazu bauen lassen, um Mars näher zu beobachten. Wie selbst einige angesehene Wissenschaftler hielt Lowell die „Canali", die der italienische Astronom Giovanni Schiaparelli (1835–1910) Ende der 1870er-Jahre beobachtet hatte, für Anzei-

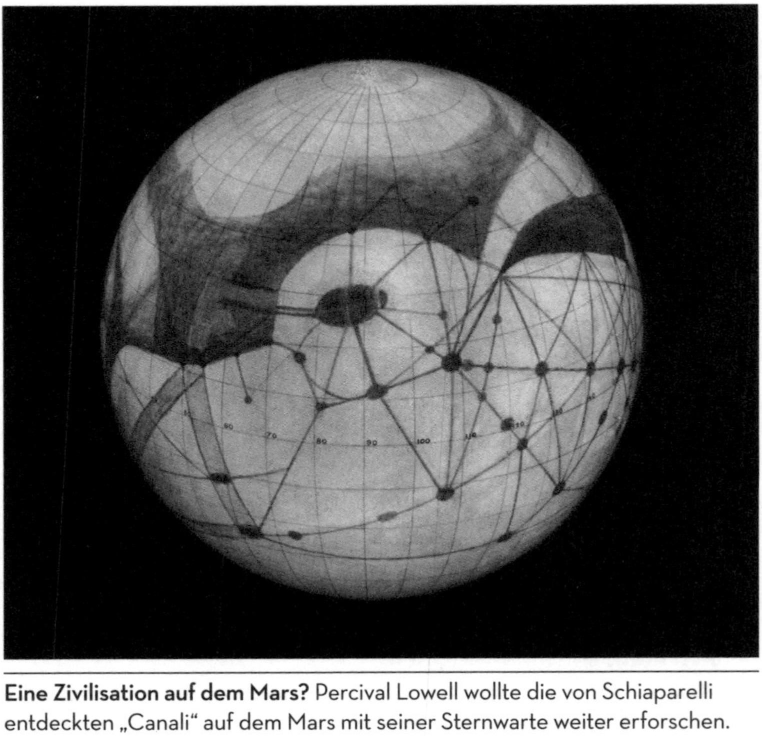

Eine Zivilisation auf dem Mars? Percival Lowell wollte die von Schiaparelli entdeckten „Canali" auf dem Mars mit seiner Sternwarte weiter erforschen. Später stellten sich die vermeintlichen Strukturen auf dem roten Planeten als optische Artefakte heraus.

chen einer Zivilisation auf unserem Nachbarplaneten und wollte diese näher ergründen.

FLÜCHTENDE SPIRALNEBEL

Doch das neue Observatorium hatte noch weit mehr Potenzial, und so betraute der Leiter der Sternwarte Slipher 1909 damit, den Andromeda-Nebel spektroskopisch zu untersuchen. Wie viele seiner Kollegen war auch Slipher damals ein Anhänger der Sternenhypothese der Spiralnebel. Anhand der Spektralanalyse wollte man mehr über diese Objekte herausfinden und hoffte, dabei zugleich etwas über den Ursprung unseres eigenen Sonnensystems zu erfahren.

Die Spektroskopie hatte sich unterdessen längst als probates Mittel in der Astronomie erwiesen. Dazu wird das Sternenlicht mit einem Prisma – ähnlich wie bei einem Regenbogen durch Wassertropfen – in seine spektralen Bestandteile aufgespalten, die unser Auge als verschiedene Farben wahrnimmt. Dabei treten an bestimmten Stellen im Spektrum dunkle Linien hervor, die sich den aus dem Periodensystem bekannten chemischen Elementen zuordnen lassen.

Die Erklärung dafür, wie diese Linien zustande kommen, lieferte Anfang des 20. Jahrhunderts die von Max Planck (1858–1947) begründete Quantenphysik: Die Elektronen in der Atomhülle können dort nur in diskreten Zuständen verweilen und daher nur Licht bei bestimmten Energien aufnehmen und abgeben, wenn sie zwischen den Energieniveaus wechseln. Dabei unterscheiden sich diese Energieniveaus der verschiedenen chemischen Elemente auf charakteristische Weise.

So hinterlässt jedes Element in der Atmosphäre eines Sterns eine charakteristische Abfolge an Spektrallinien im Sternenlicht. Daraus lässt sich also die chemische Zusammensetzung von Sternen ablesen. Darüber hinaus gibt das Spektrum Aufschluss über Temperatur und

Dichte der Sternatmosphäre, aber auch über die Dynamik von Sternen und anderen Himmelsobjekten.

Treten die charakteristischen Spektrallinien etwa von Wasserstoff im Sternenlicht bei einer anderen Wellenlänge als im Labor auf, bedeutet das, dass sich das Objekt relativ zum Beobachter bewegt. Der österreichische Physiker Christian Andreas Doppler (1803–1853) beschrieb diesen Effekt zunächst für Schallwellen: Eine Schallquelle sendet in regelmäßigen Zeitintervallen Signale in Form von Schallwellen aus. Bewegt sich diese Schallquelle auf uns zu, hat das jeweils später ausgesandte Signal einen kürzeren Weg zu uns zurückzulegen, als das zuvor ausgesandte. Die Signale kommen also mit einer höheren Frequenz bei uns an, als sie von der Schallquelle ausgesendet werden – die Schallquelle klingt höher als in Ruhe. Entfernt sich eine Schallquelle, haben hintereinander ausgesandte Signale eine jeweils längere Strecke zurückzulegen; die Signale erreichen uns mit einer niedrigeren Frequenz und klingen tiefer. Im Alltag begegnet uns dieser Effekt zum Beispiel bei einem Krankenwagen mit Martinshorn: Kommt der Rettungswagen auf uns zu, hören wir das Martinshorn höher; sobald er an uns vorübergefahren ist und sich entfernt, erklingt das Martinshorn tiefer.

Ein ähnlicher Effekt tritt auch bei Licht auf. Bewegt sich eine Lichtquelle auf uns zu, wird ihr Licht zu höheren Frequenzen beziehungsweise kürzeren Wellenlängen hin verschoben: Es erscheint blauer. Entfernt sich eine Lichtquelle von uns, verschiebt sich ihr Licht zu niedrigeren Frequenzen, es erscheint rotverschoben.

Slipher war nicht der erste, der sich an den Spektren der unscheinbaren Spiralnebel versuchte. So hatten seine renommierten Kollegen Julius Scheiner (1858–1913) und Max Wolf (1863–1923) in Heidelberg sowie Edward Fath (1880–1959) am Lick Observatory diese Objekte auch schon ins Visier genommen. Doch sie waren so lichtschwach, dass ihnen mit den verfügbaren Mitteln – dem Doppelastrografen

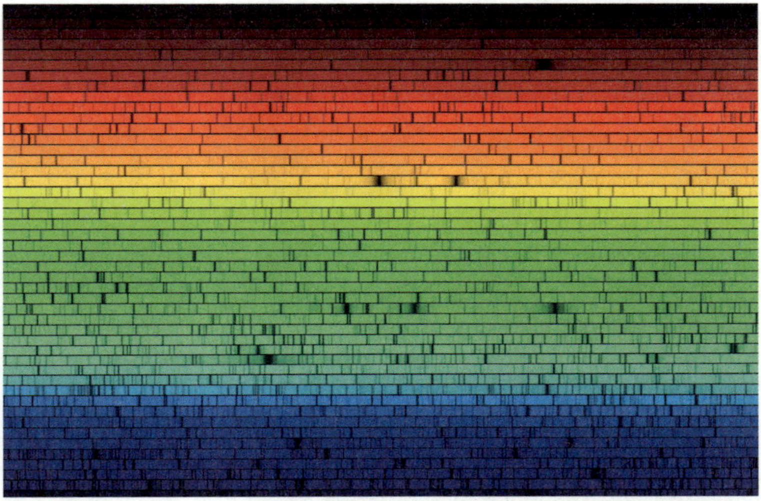

Spektrallinien: Mit einem Spektrografen lässt sich das Licht von Sternen oder wie hier von der Sonne in seine Farbbestandteile zerlegen. Die dunklen Linien entstehen, da die unterschiedlichen chemischen Elemente in der Stern- oder Sonnenatmosphäre Licht bei verschiedenen Wellenlängen absorbieren.

der Landessternwarte auf dem Königstuhl oder dem Great Lick Refractor – keine ausreichend scharfen Spektren gelingen wollten, um diese detailliert untersuchen zu können. Alles, was man bis dahin aus den Spektren hatte herauslesen können, war, dass diese nebulösen Objekte offensichtlich Sterne oder Sternsysteme enthielten.

Dabei kommt es bei der Beobachtung von flächigen Objekten wie den Nebeln neben der Qualität des Teleskops vor allem auf Spektrograf und Kamera an. Und so experimentierte auch Slipher am Clark-Refraktor des Lowell Observatory drei Jahre lang mit Fokus und Prisma, bis er endlich einen optimalen Aufbau für seine Zwecke ausgetüftelt hatte. Als ihm schließlich eine erste, ausreichend scharfe Aufnahme des Spektrums des Andromeda-Nebels glückte, machte er einen überraschenden Fund: Die Spektrallinien waren stark ins Blaue verschoben. Das Objekt bewegte sich offensichtlich auf uns zu, und

Galaktische Nachbarin: Für Slipher war die Andromeda-Galaxie noch einer von vielen, geheimnisvollen Spiralnebeln. Seine Spektralanalyse zeigte, dass sich das Objekt mit 300 Kilometern pro Sekunde auf uns zu bewegt. Nach heutigen Messungen sind es „nur" 120 Kilometer pro Sekunde.

zwar mit 300 Kilometern pro Sekunde! Dieser von Slipher berechnete Wert ist zwar mehr als drei Mal so hoch wie die tatsächliche Geschwindigkeit, mit der sich die Andromeda-Galaxie uns nach heutigem Wissen nähert. Bedenkt man die Instrumentenungenauigkeiten der damaligen Zeit, ist das dennoch ein sehr guter Messwert. Vor allem war das wesentlich schneller als man es von Sternbewegungen sonst kannte. Offenkundig stieß diese Beobachtung in der Fachwelt auf große Skepsis. Doch schon bald darauf konnten etablierte Astronomen wie William Hammond Wright (1871–1959) am Lick Observatory und Francis Gladheim Pease (1881–1938) am Mount Wilson Observatory sie in unabhängigen Messungen bestätigen.

Bis 1917 hatte Slipher Spektren von 25 Spiralnebeln aufgenommen, bis 1922 insgesamt 41 gesammelt: Beinahe alle waren rotverschoben, nur wenige darunter blauverschoben. Die meisten dieser Nebel entfernten sich also von uns! Noch dazu waren auch deren Fluchtgeschwindigkeiten mit 150 bis 1000 Kilometer pro Sekunde verglichen mit denen der Sterne überragend hoch. Das Verwunderliche dabei war vor allem, dass sich die Spiralnebel offensichtlich mit einer viel zu großen Geschwindigkeit bewegten, als dass sie noch gravitativ an die Milchstraße hätten gebunden sein können. Demnach könnte es sich bei den Spiralnebeln also tatsächlich um eigenständige, milchstraßenähnliche Sternsysteme außerhalb unserer eigenen Galaxis handeln, wie sie die Welteninsel-Theorie vorschlug, so schlussfolgerten Slipher und einige seiner Kollegen.

Wirklich gelöst war das Rätsel um die Natur der Spiralnebel damit aber immer noch nicht. Denn man war nach wie vor nicht in der Lage, die Entfernungen zu diesen Objekten zu bestimmen. Noch stand den Astronomen allein die Parallaxenmethode zur Verfügung, und die

Die Sombrero-Galaxie: Der Nebel NGC 4594 wurde von Vesto Slipher ebenfalls spektroskopisch untersucht. Er schien sich mit 1000 Kilometern pro Sekunde von uns weg zu bewegen – ein Geschwindigkeitsrekord unter den von Slipher untersuchten „Nebeln". Wegen ihrer charakteristischen Form ist NGC 4594 heute auch als Sombrero-Galaxie bekannt.

ließ sich nur auf Objekte anwenden, die einige hundert Lichtjahre entfernt waren, also noch weit innerhalb der Milchstraße lagen (siehe Kapitel 7, S. 228)

Und so dürften die neuen Funde die Debatte über die Natur dieser Objekte nur noch mehr angefacht haben, die schließlich in einem öffentlichen Schlagabtausch zwischen den beiden Hauptvertretern der beiden Lager gipfelte: Heber D. Curtis (1872–1942) vom Lick Observatory und Harlow Shapley (1885–1972) vom Mount Wilson Solar Observatory waren im April 1920 zum Jahrestreffen der National Academy of Sciences eingeladen worden, um ihre Sichtweise über das Universum darzulegen. Shapley ging davon aus, dass es sich bei diesen Nebelstrukturen um Gasansammlungen in unserer eigenen Galaxis handelte. Curtis vertrat hingegen die Auffassung, dass das Universum aus zahlreichen Welteninseln wie unsere Milchstraße bestehe, die als eben diese Spiralnebel erschienen.

DIE ENTHÜLLUNG DER GALAXIEN

Unterdessen etablierte sich eine neue Methode zur Entfernungsmessung in der Astronomie. Der US-amerikanischen Astronomin Henrietta Swan Leavitt (1868–1921) war am Harvard Observatory in Aufnahmen der Magellanschen Wolken eine Reihe von Sternen aufgefallen, die periodisch heller und wieder lichtschwächer wurden. Ein ganz ähnliches Muster kannte man bereits von dem veränderlichen Stern Delta Cephei im Sternbild Kepheus. In der nun insgesamt 1777 derartige Sterne umfassenden Stichprobe fanden sich Sterne mit längerer und solche mit kürzerer Schwankungsperiode. Leavitt erkannte 1912, dass die Helligkeitsschwankungen umso länger dauerten, je heller die Sterne strahlten. Da die Sterne in den Magellanschen Wolken jeweils gleich weit entfernt von uns sind, musste offensichtlich

Computer-Ladies: Edward Charles Pickering stellte am Harvard Observatory Ende des 19./Anfang des 20. Jahrhunderts Frauen zur Auswertung astronomischer Daten ein – weil sie wesentlich billiger waren als Männer. Darunter war auch Henrietta Swan Leavitt (dritte von links).

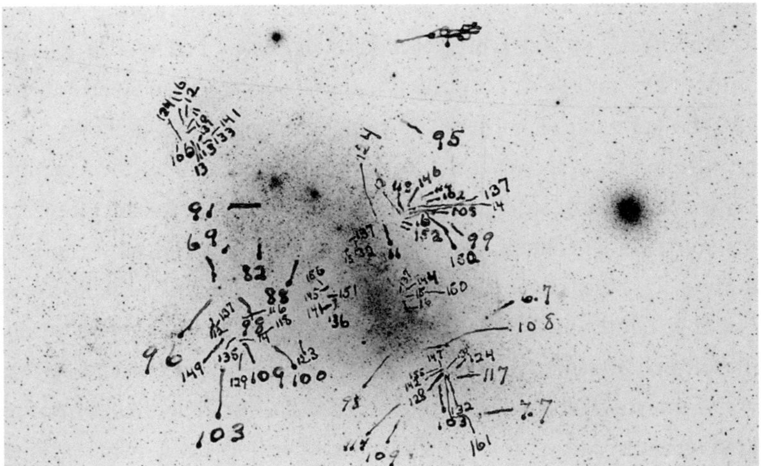

Bahnbrechende Entdeckung: Markierungen von Henrietta Swan Leavitt auf einer Fotoplatte mit veränderlichen Sternen in der kleinen Magellanschen Wolke. So entdeckte sie die Perioden-Leuchtkraft-Beziehung der Cepheiden.

ein Zusammenhang zwischen der Leuchtkraft der Sterne, also ihrer intrinsischen Helligkeit, und der Schwankungsperiode bestehen.

Mit dieser Perioden-Leuchtkraft-Beziehung für den Sterntyp der Cepheiden hatte die Astronomin nicht nur eine wichtige Gesetzmäßigkeit für eine ganze Sternklasse gefunden. Sie ebnete zugleich den Weg für den Blick in den weiter entfernten Kosmos. Denn da die Helligkeit eines Objekts mit dem Abstand zum Quadrat abnimmt, lässt sich anhand der Periodendauer eines Cepheiden auf dessen Leuchtkraft, und aus deren Vergleich mit der gemessenen Helligkeit schließlich auf die Entfernung des Sterns schließen.

Der dänische Astronom Ejnar Hertzsprung (1873–1967) eichte diese Methode anhand von näher gelegenen Cepheiden, deren Entfernung er mit der Parallaxenmethode bestimmte. So stand der Astronomie bald ein neues Handwerkszeug zur Entfernungsbestimmung zur Verfügung, das weit über die Distanzen hinausreichte, die mit der Parallaxenmethode zugänglich waren. Und das sollte den Anhängern der Welteninsel-Theorie in die Hände spielen.

Anfang der 1920er-Jahre konnte Edwin Hubble (1889–1953), einst Student bei Slipher, am Mount Wilson Observatory im Andromeda-Nebel M 31 und drei weiteren Spiralnebeln einzelne Cepheiden-Sterne ausmachen und daraus die Entfernung dieser Objekte berechnen. Seinen Messungen zufolge lagen diese Nebel weit jenseits der Grenzen unserer eigenen Galaxis, soweit man diese damals bereits festmachen konnte. Die Entfernung, die er für M 31 und auch für die übrigen Nebel schätzte, entspricht etwas weniger als der Hälfte jener Werte, die wir heute kennen. Das lag auch daran, dass es verschiedene Arten von Cepheiden-Veränderlichen gibt, die ein unterschiedliches Leuchtkraftverhalten aufweisen. Damals war das allerdings noch nicht bekannt. Doch in jedem Fall war damit offensichtlich, dass es sich bei den Spiralnebeln um eigene Sternsysteme handeln musste. Die Große Debatte war also beigelegt.

Auch das Universum selbst nahm dank der neuen Methode zur Entfernungsmessung ganz neue Dimensionen an. Vor allem aber sollte der Fluchtgeschwindigkeit der Spiralnebel mit dieser Erkenntnis eine völlig ungeahnte Bedeutung zukommen. Im Jahr 1929 fasste Edwin Hubble seine eigenen Beobachtungen mit jenen einiger seiner Kollegen, darunter auch Sliphers, zusammen. Für 46 Galaxien trug er Rotverschiebung und Entfernung in ein Diagramm ein. Dabei zeigte sich, dass die Galaxien umso stärker rotverschoben waren, je weiter sie von uns entfernt waren. Dieser Zusammenhang wurde später durch weitere Messungen bestätigt. Daraus leitete sich eine lineare Beziehung zwischen Fluchtgeschwindigkeit und Entfernung der Galaxien her, die heute als Hubble-Lemaître-Beziehung bekannt ist (siehe Abb. unten).

Dieser nun sehr offensichtliche Befund über das Universum ging mit einer atemberaubenden Entwicklung in der theoretischen Physik einher, die unsere Vorstellung vom Kosmos noch auf ganz andere Weise revolutionieren sollte.

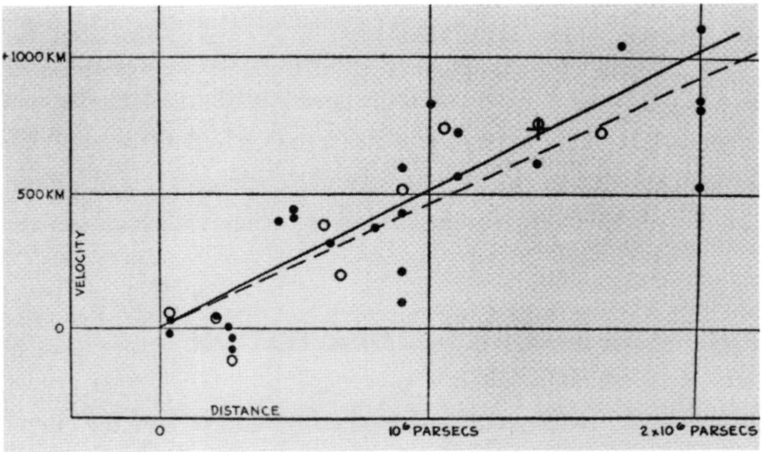

Fliehende Galaxien: Als Edwin Hubble 1929 die Rotverschiebungen von 46 Spiralnebeln in ein Diagramm eintrug, ergab sich eine Abhängigkeit von deren Entfernung. Daraus resultierte später die Hubble-Lemaître-Beziehung.

Magellansche Wolken: Die beiden Begleitgalaxien der Milchstraße sind von der Südhalbkugel aus am Nachthimmel gut mit bloßem Auge zu sehen, hier über den Hilfsteleskopen des Very Large Telescope der ESO.

„Die Aufstellung der allgemeinen Relativitätstheorie erschien mir damals und erscheint mir heute noch als die größte Leistung menschlichen Denkens über die Natur, die erstaunlichste Vereinigung von philosophischer Tiefe, physikalischer Intuition und mathematischer Kunst", so äußerte sich der Physiker und Nobelpreisträger Max Born (1882–1970) in einem Vortrag 1955 über Einsteins Jahrhundertwerk.

EINE NEUE THEORIE DER GRAVITATION

Bereits in der zweiten Hälfte des 19. Jahrhunderts hatte die Physik eine Entwicklung genommen, die den Weg zu dieser neuen Theorie der Gravitation, die der Ausnahmephysiker Albert Einstein (1879–1955) im Jahr 1915 vorlegte, ebnen sollte. Der schottische Physiker

James Clerk Maxwell (1831–1879) hatte mit seinen berühmten Gleichungen den Zusammenhang zwischen elektrischem und magnetischem Feld beschrieben. Aus einer dieser Gleichungen folgte auch, dass sich Licht als elektromagnetische Welle fortbewegt, und zwar mit einer endlichen, konstanten Geschwindigkeit.

Darüber, ob die Lichtgeschwindigkeit endlich oder unendlich sei, hatten Gelehrte bereits seit der Antike spekuliert. Mit den ersten wissenschaftlichen Messungen dazu begann man im 17. Jahrhundert und konnte sie bis Ende des 18. Jahrhunderts immer weiter verbessern. So kam der Befund, der sich aus den Maxwellschen Gleichungen herleitete, für die damalige Forschergemeinde keinesfalls überraschend. Wie weitreichend aber die Konsequenzen einer endlichen Lichtgeschwindigkeit tatsächlich waren, begann man erst von da an näher zu erkunden: Zunächst einmal bedeutet es, dass uns die Informationen über ein Ereignis, das in einer gewissen Entfernung zu unserem Standort stattfindet, zeitverzögert erreichen. Das widerspricht zunächst einmal unserer Intuition, denn mit einem Wert von 299.792 Kilometern pro Sekunde (im Vakuum) bewegt sich Licht so schnell, dass wir im Alltag davon nichts mitbekommen. Wenn wir bei einem Stadtbummel zufällig jemand Bekanntes auf der anderen Straßenseite sehen und ihm zuwinken, um auf uns aufmerksam zu machen, gehen wir davon aus, dass unser Bekannter unser Winken unmittelbar – also ohne Zeitverzögerung – wahrnimmt. Doch schon bei der Informationsübertragung durch Satelliten spielt die Lichtgeschwindigkeit eine Rolle und auch Astronauten merken die Zeitverzögerung bei der Kommunikation mit dem Bodenpersonal. Und wenn wir einen Stern in einer fernen Galaxie als Supernova explodieren sehen, ist die Supernova längst erloschen, wenn ihr Licht auf der Erde eintrifft, und zwar genau seit jener Zeit, die das Licht braucht, um die Distanz von der Galaxie zu uns zurückzulegen. Über größere Distanzen gibt man eine Entfernung daher sinnvollerweise in Lichtlaufzeit an

(1 Lichtjahr = 9,46 Billionen Kilometer). Die Endlichkeit der Lichtgeschwindigkeit stellt also unser intuitives Verständnis von Gleichzeitigkeit in Frage.

Darüber hinaus führte diese Tatsache zu recht kuriosen Konsequenzen, wenn wir relativ zueinander gleichförmig bewegte (also nicht beschleunigte) Systeme – sogenannte Inertialsysteme – betrachten, wie etwa ein Reisender, der von einem Bahnsteig aus einen vorüberfahrenden Zug sieht. Denn jegliche Information, die uns von einem relativ zu uns bewegten System erreicht, wird ebenfalls mit Lichtgeschwindigkeit übertragen, so etwa auch die Information darüber, an welchem Ort sich Zugspitze und Zugende zu einem bestimmten Zeitpunkt befinden.

Richtig interessant wird die Angelegenheit, sobald sich der Zug mit etwa zehn Prozent der Lichtgeschwindigkeit bewegt. Dann erscheint der vorbeifahrende Zug dem Beobachter vom Bahnsteig aus verkürzt (Längenkontraktion), verglichen mit einem ansonsten identischen Zug, der am Bahnsteig steht und sich dem Beobachter gegenüber in Ruhe befindet. Andererseits scheinen die Uhren in dem fahrenden Zug für den Beobachter vom Bahnsteig aus langsamer zu gehen als die Uhren auf dem Bahnsteig selbst (Effekt der Zeitdilatation). Umgekehrt wird ein Reisender in dem Zug ganz ähnliche Beobachtungen machen, wenn er den Bahnsteig vermisst. Sein Referenzsystem ist der Zug, der Bahnsteig bewegt sich an ihm vorüber. Für ihn erscheint der Bahnsteig verkürzt und die Uhren dort scheinen nachzugehen.

Um vom Bahnsteig aus den fahrenden Zug zu beschreiben und umgekehrt, müssen wir uns nun von dem gängigen Grundkonzept von Raum und Zeit als starre und völlig unabhängig voneinander existierende Koordinaten verabschieden, die uns als Referenzsystem dienen, in das die physikalische Wirklichkeit eingebettet ist. Der niederländische Physiker Hendrik Antoon Lorentz (1853–1928) hatte erkannt, dass sich gleichförmig zueinander bewegte Systeme

Supernova 1987A: Im Jahr 1987 beobachteten Astronomen in der großen Magellanschen Wolke eine Supernova (heller „Stern" etwas rechts von der Bildmitte). Ihr Licht war 160.000 Jahre zu uns unterwegs.

Einstein, Lorentz und Eddington: In seiner Speziellen Relativitätstheorie griff Albert Einstein (links) auf die Vorarbeiten von Antoon Lorentz (Mitte) zurück. Sir Arthur Eddington (rechts) überprüfte die Lichtablenkung im Schwerefeld der Sonne, eine Vorhersage der Allgemeinen Relativitätstheorie.

nicht voneinander unterscheiden lassen und sich auch nicht sagen lässt, welches sich einem anderen gegenüber in Ruhe befindet und welches sich nun bewegt. Durch die Endlichkeit der Lichtgeschwindigkeit fungieren Raum und Zeit nicht mehr unabhängig voneinander, sondern verbinden sich zu einer vierdimensionalen Raumzeit.

Allerdings hielt sich zur damaligen Zeit noch hartnäckig die Vorstellung, dass sich elektromagnetische Wellen nur über den sogenannten Äther als Medium ausbreiten konnten, der den sonst leeren Raum durchdringen sollte. Auch Lorentz war davon überzeugt, obwohl es dafür keinerlei experimentelle Beweise gab. Nach seiner Vorstellung ließ sich ein System als in Ruhe befindlich definieren, wenn es sich ebendiesem Äther gegenüber nicht bewegte. Damit gäbe es also doch ein System, das sich unter gleichförmig bewegten auszeichnete.

Albert Einstein war so kühn und sprach dem Äther die Existenz ab. Damit entfiel die letzte Grundlage für ein bevorzugtes Referenzsystem, das sich anderen gleichförmig bewegten Systemen gegenüber „in Ruhe“ befand. Ob in Ruhe oder gleichförmig bewegt: Beides waren nun physikalisch gesehen vollkommen gleichberechtigte Zustände. In allen diesen Inertialsystemen sehen die physikalischen Gesetze gleich aus, das heißt, auch die Lichtgeschwindigkeit nimmt in allen Inertialsystemen im Vakuum denselben Wert an, und zwar auch dann, wenn sie von einem System aus in einem anderen gemessen wird.

Albert Einstein erkannte die Universalität dieser Konstante und entwickelte darauf basierend zunächst die Spezielle Relativitätstheorie. Demnach lässt sich die Lichtgeschwindigkeit auch niemals überschreiten. Masselose Teilchen bewegen sich stets mit ihr durch das Vakuum und lassen sich nicht von ihr abbringen; im Gegenzug kann Materie niemals die Lichtgeschwindigkeit erreichen. Versucht man, Materie zu beschleunigen, um sie auf eine entsprechend hohe Geschwindigkeit zu bringen, vergrößert sich ihre Masse immer mehr, je weiter sich ihre Geschwindigkeit der Lichtgeschwindigkeit annähert. Dabei wächst sie asymptotisch ins Unendliche. Daraus folgt die Äquivalenz von Masse und Energie: $E = mc^2$.

Im Alltag bekommen wir allerdings kaum etwas davon mit; diese Effekte gewinnen erst an Bedeutung, sobald die Geschwindigkeit in ihrer Größenordnung auf zehn Prozent der Lichtgeschwindigkeit heranreicht. Das wird zum Beispiel in Teilchenbeschleunigern wie dem Large Hadron Collider am CERN relevant oder bei hochenergetischen astrophysikalischen Prozessen wie relativistischen Materiejets in aktiven Galaxien (siehe Kapitel 4, S. 129).

DIE GEOMETRIE DER RAUMZEIT

Was aber führte Einstein von dort aus weiter zu einer neuen Theorie der Gravitation? Nach der klassischen Mechanik, wie sie Sir Isaac Newton mathematisch beschrieben hat, wirkt die Schwerkraft zwischen zwei Massen unmittelbar. Ferner lässt sich nicht zwischen zwei grundlegenden Eigenschaften, der trägen und der schweren Masse, unterscheiden. Bereits Galileo Galilei (1564–1642) hatte in Experimenten gezeigt, dass verschieden schwere Massen gleich schnell beschleunigt werden: Lässt man sie gleichzeitig eine schiefe Ebene hinabrollen, kommen sie nach gleicher Zeit unten an. Und auch Newton konnte dieses sogenannte schwache Äquivalenzprinzip bestätigen, indem er unterschiedliche Massen an Pendeln schwingen ließ. Die Schwingfrequenz hängt nur von der Pendellänge, nicht jedoch von der Masse ab. Nach diesem Prinzip funktionieren übrigens auch Pendeluhren.

Einstein dachte das Äquivalenzprinzip von schwerer und träger Masse aus Sicht relativ zueinander bewegter Systeme im Sinne der Speziellen Relativitätstheorie weiter. Dabei erkannte er, dass sich für einen Beobachter in einem abgeschlossenen Labor nicht ohne Weiteres unterscheiden lässt, ob er sich in Schwerelosigkeit oder im freien Fall im Schwerefeld in der Umgebung einer Masse befindet. Dieses sogenannte starke Äquivalenzprinzip erhob er zu einem allgemeingültigen Grundsatz, auf dem er seine neue Theorie der Gravitation, die Allgemeine Relativitätstheorie (ART), schließlich aufbaute.

Das führte Einstein zu einer völlig neuen und wesentlich grundlegenderen Betrachtungsweise der Gravitation: Nämlich, dass sich Schwerkraft als Geometrie der Raumzeit beschreiben lässt. Die Raumzeit wird nun als dynamisches und verformbares Gefüge zum Schauplatz der Gravitation.

Die Schwerkraft wirkt damit nicht mehr unmittelbar zwischen zwei Massen – wie etwa Erde und Mond –, die sich durch einen

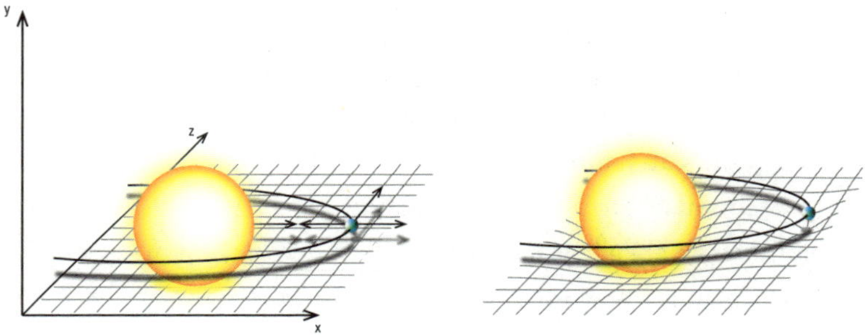

Gravitation: Nach Newton wirkt die Schwerkraft direkt zwischen zwei Massen (links). Der Raum ist starr und unveränderlich. Nach Einstein verformt eine Masse den Raum; in ihrer Bewegung folgen Massen dieser Raumkrümmung (rechts).

starren, flachen Raum bewegen. Vielmehr krümmt eine Masse wie die Sonne den Raum – genauer gesagt die Raumzeit – in ihrer Umgebung. Eine andere Masse, etwa ein Planet, folgt dieser Raumkrümmung dann in seiner Bewegung und krümmt den Raum zusätzlich auch selbst, wenn auch in sehr viel geringerem Maße als die Sonne. Dabei ist auch für die Wirkung der Gravitation die Lichtgeschwindigkeit die maßgebliche Geschwindigkeit. Und sogar Licht ist dazu verdammt, einer solchen Raumkrümmung zu folgen. Die Raumkrümmung wird gerne anhand eines mit Koordinaten versehenen Gummituchs veranschaulicht, in das eine schwere Bowlingkugel gelegt wird. Die Kugel wird in das Tuch einsinken, darin eine Delle ausbilden und das Koordinatensystem in ihrer Umgebung verzerren. Allerdings funktioniert dieser Vergleich nur näherungsweise, denn wir haben es hier mit einer dreidimensionalen Kugel auf einem zweidimensionalen Tuch und nicht etwa in einem dreidimensionalen Gewebe zu tun, was eigentlich viel angebrachter wäre.

Dieses Zusammenspiel von Materie, Energie und Raum(zeit) beschreibt Einstein in seinen berühmten Feldgleichungen. Sie stellen den Zusammenhang zwischen Energie- beziehungsweise Materiedichte und der Raumkrümmung her. Zugleich bilden sie die Möglichkeit einer intrinsischen Raumkrümmung ab, die nicht durch Materie oder Energie hervorgerufen wird, sondern dem Raum an sich zu eigen sein kann.

Einsteins neue Theorie der Gravitation war ebenso tiefgründig wie revolutionär. Nicht alle Wissenschaftler waren von Anfang an von der ART derart überzeugt wie Max Born, obwohl sich einige ihrer Vorhersagen schon unmittelbar um die Zeit ihrer Veröffentlichung nachprüfen ließen. Ein Phänomen, das bereits seit Langem bekannt war und auch durch Newtons Theorie der Schwerkraft beschrieben wird, ist die sogenannte Periheldrehung der Planetenbahnen. Im Schwerefeld der Sonne ändern die Ellipsenbahnen ihre Orientierung im Raum dergestalt, dass ihr sonnennächster Punkt, das Perihel, seinerseits um die Sonne fortschreitet. Dieser Effekt tritt am offensichtlichsten bei Merkur zu Tage, da er von allen Planeten der Sonne am nächsten und somit die Raumkrümmung durch die Schwerkraft des Zentralgestirns entlang seiner Bahn am stärksten ist. Interessanterweise ist der Effekt genau doppelt so stark wie die Newtonsche Theorie ihn vorhersagt. Aus der ART folgt aber exakt der beobachtete Wert.

Auch der Nachweis der Lichtablenkung im Schwerefeld ließ nicht lange auf sich warten. Dafür reiste Sir Arthur Eddington (1882–1944) im Jahr 1919 extra auf die Vulkaninsel Príncipe im Golf von Guinea, um während einer Sonnenfinsternis die Ablenkung von Sternenlicht im Schwerefeld der Sonne nachzuweisen. Und tatsächlich erschienen neben der verdunkelten Sonne Sterne an Positionen, die von ihren tatsächlichen Orten am Nachthimmel ein wenig abwichen. Qualitativ wird dieser Effekt zwar ebenfalls in Newtons Theorie der Schwerkraft beschrieben, doch der Allgemeinen Relativitätstheorie zufolge ist er – wie in der Realität auch – doppelt so groß.

Nach und nach bewährte sich die Allgemeine Relativitätstheorie bei immer mehr Anwendungen in der Kosmologie. Die Wissenschafts-

Lichtablenkung im Schwerefeld: Selbst Licht folgt der Raumkrümmung, die eine Masse wie die Sonne hervorruft. Sir Arthur Eddington bestätigte diese Vorhersage der ART mit Messungen bei einer Sonnenfinsternis 1919 auf Príncipe im Golf von Guinea. Während der Totalität wich die Position von Sternen direkt neben der Sonne von jener am Nachthimmel etwas ab.

gemeinde wurde sich ihrer Schlagkraft bewusst, sodass sie zur Standardtheorie der Gravitation in der Physik avancierte. Bis heute hat die ART jeglichen Tests in Astrophysik und Kosmologie standgehalten. Inzwischen lassen sich sogar die von ihr vorhergesagten Gravitationswellen messen, von denen Einstein noch glaubte, sie seien grundsätzlich zu schwach, um jemals detektiert zu werden.

Die größte Tragweite der Allgemeinen Relativitätstheorie liegt jedoch darin, dass sich mit ihr das Universum als Ganzes und auch in seiner Entwicklung beschreiben lässt. Dabei setzte Einstein für sein Modell des Universums zwei ganz wesentliche Eigenschaften voraus: nämlich dass die Materie – zumindest über große Entfernungen gemittelt – gleichmäßig, das heißt homogen verteilt sei und dass es in alle Richtungen gleich aussehe, das heißt, isotrop sei. Treffen diese beiden Eigenschaften zu, ist kein Standort im Kosmos ausgezeichnet. Diese Grundeigenschaft des Universums bezeichnete der Kosmologe Edward Arthur Milne (1896–1950) später als kosmologisches Prinzip.

Darüber hinaus ging Einstein, wie damals üblich, selbst von einem zeitlich unveränderlichen, sogenannten statischen Universum aus. Doch für ein Materie befülltes, selbst homogenes Universum ergaben die Lösungen der Feldgleichungen nach Einsteins Verständnis, dass es dynamisch, also zeitlich veränderlich wäre, sodass es sich irgendwann unter seiner eigenen Gravitation zusammenziehen würde. Um diesen Effekt auszugleichen, führte Einstein die sogenannte kosmologische Konstante ein, die eine Wirkung entgegen der Gravitation symbolisierte und das Universum quasi auseinandertreiben sollte. Mit ihr ergibt sich in der Summe ein statisches, also zeitlich wieder unveränderliches Universum.

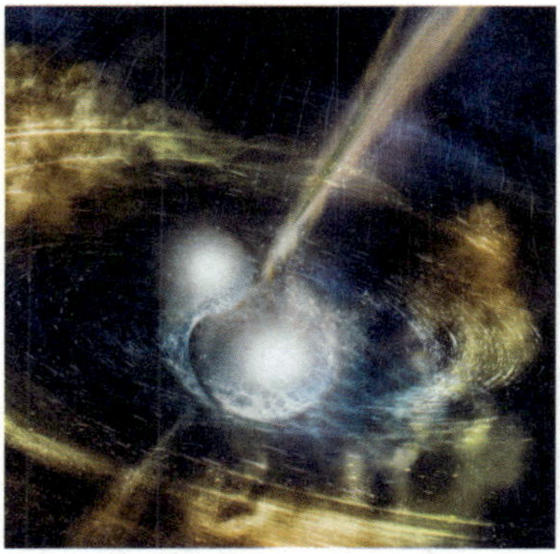

Erschütternde Entdeckung: Einstein selbst glaubte nie daran, dass sich Gravitationswellen jemals würden messen lassen, denn ihre Wechselwirkung mit Materie ist extrem gering. Inzwischen ist auch ihr Nachweis gelungen, etwa durch Signale von Kollisionen zweier Schwarzer Löcher oder wie hier dargestellt von zwei Neutronensternen.

Gravitationslinseneffekt: Wenn die als Gravitationslinse wirkende Masse (Galaxie) und das abgebildete Objekt (weiter entfernte Galaxie oder Quasar) direkt auf einer Linie liegen, entsteht ein vierfaches Abbild, auch Einsteinkreuz genannt. In speziellen Fällen kann das Abbild sogar ringförmig sein (Einsteinring).

Weltberühmte Theorie: Die Einsteinschen Feldgleichungen haben selbst auf einer Lok auf dem Eisenbahnfriedhof in den bolivianischen Anden bei Uyuni ihren Platz gefunden. Ob sie wohl ein Physikstudent nach seinen Diplomprüfungen dort verewigt hat?

DAS UNIVERSUM IST NICHT STATISCH

Unterdessen fand 1922 der russische Mathematiker Alexander Friedmann (1888–1925) einen umfassenderen Lösungsansatz zu Einsteins Feldgleichungen, der alle wesentlichen Möglichkeiten für die Entwicklungen des Universums und seiner Geometrien beinhaltet, auf die auch heute noch zurückgegriffen wird. Friedmanns Ansatz beinhaltet sowohl ein statisches Modell des Universums, das ohne kosmologische Konstante auskommt, als auch ein Universum mit einem zeitlich variierenden Radius, darunter auch ein mit Materie befülltes, expandierendes.

Sein Werk wurde damals allerdings wenig beachtet. Einstein war zwar wohlwollender Gutachter von Friedmanns Publikation, dennoch hielt er nach wie vor Modelle eines veränderlichen Universums für unrealistisch. Auch stellte Friedmann noch keine Verbindung zu den Beobachtungen der sich fortbewegenden Galaxien her; die Messungen Sliphers waren ihm vermutlich nicht bekannt. Eine mögliche Bestätigung seiner Modelle durch das Hubble-Slipher-Diagramm konnte er allerdings nicht mehr erleben, denn er starb vier Jahre vor dessen Veröffentlichung.

Ohne Friedmanns Arbeiten zu kennen, nahm sich einige Jahre später der belgische Jesuitenpriester und Kosmologe Georges Lemaître (1894–1966) Einsteins Feldgleichungen vor. Auch er fand Lösungen, die ein zeitlich veränderliches Universum beschreiben. Je nach Materie- und Energiegehalt beziehungsweise Beschaffenheit des Raumes lassen sich darunter drei wesentliche Expansionsgeschichten unterscheiden: Überschreitet der Materiegehalt eine kritische Dichte, kommt die Expansion irgendwann zum Erliegen und kehrt sich um – das Universum zieht sich zusammen. Der Raum eines solchen Universums ist positiv gekrümmt, analog zu einer Kugelfläche im Zweidimensionalen. Man bezeichnet ein solches Universum auch als geschlossen. Unterschreitet der Materiegehalt dagegen eine kritische Dichte, geht die Expansion auf ewig weiter. Der Raum eines solchen offenen Universums ist negativ gekrümmt, ähnlich einer Sattelfläche im Zweidimensionalen. Sollte der Materiegehalt exakt der kritischen Dichte entsprechen, geht die Expansion ebenfalls auf ewig weiter, allerdings wird sie immer langsamer, kommt aber niemals zum Erliegen. In einem solchen Universum ist der Raum flach.

In seiner Veröffentlichung von 1927 leitete Lemaître ein Universum mit expandierendem Radius aus den Einsteinschen Feldgleichungen her, das ebenfalls ohne eine kosmologische Konstante auskommt. Daraus folgerte er weiter, dass sich Galaxien umso schneller von uns fortbewegen müssten, je weiter sie entfernt sind.

Anders als Friedmann war Lemaître sowohl Theoretiker als auch Astronom, und so erfuhr er auch von Sliphers und Hubbles Beobachtungen der rotverschobenen Spiralnebel. Er brachte die Fluchtgeschwindigkeit der Spiralnebel mit einem relativistisch expandierenden Universum in Verbindung und schätzte daraus die Expansionsrate des Universums ab.

Geschlossenes Universum: In einem geschlossenen Universum ist der Raum analog zu einer Kugeloberfläche im Zweidimensionalen gleichmäßig positiv gekrümmt. Er ist unbegrenzt, aber endlich. Im zeitlichen Verlauf wird sich das Universum zunächst ausdehnen und schließlich wieder kollabieren.

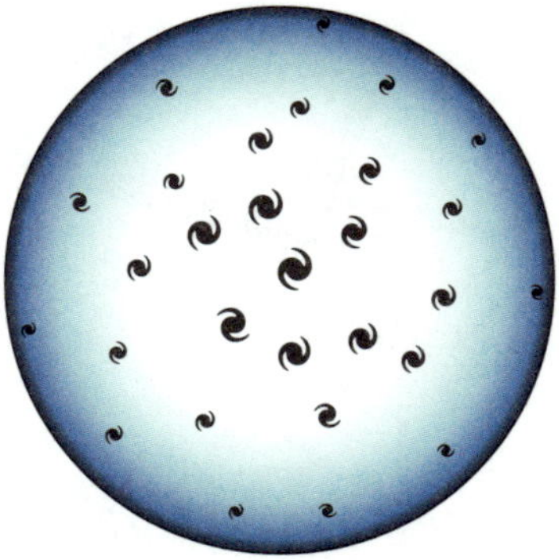

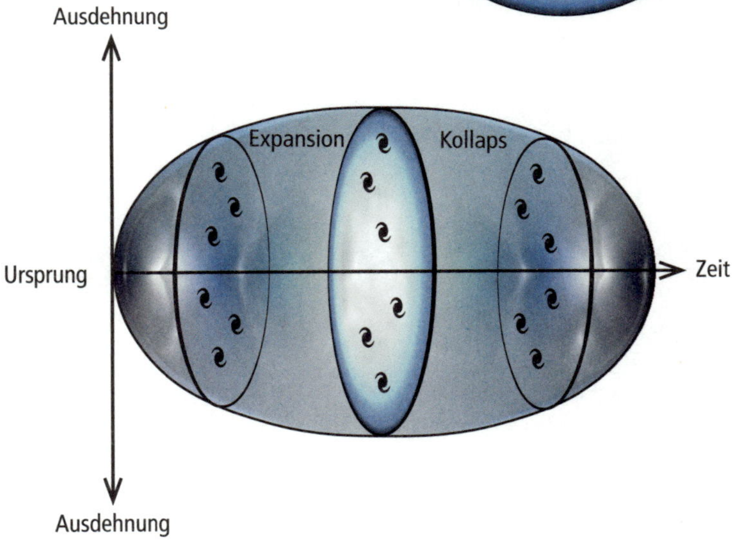

Wie sich das Universum mit der Zeit dynamisch verändert, lässt sich durch den sogenannten Skalenfaktor angeben. Dieser hängt von der Raumkrümmung ab und beschreibt, wie sich das Universum in Abhängigkeit von ihr ausdehnt. Da die Raumkrümmung durch den Materie- beziehungsweise Energiegehalt des Universums bestimmt wird, ist der Skalenfaktor im Gegenzug ein Maß für diese Größen. Aus dem Skalenfaktor ergibt sich auch die Expansionsrate des Universums. Sie ist zeitlich veränderlich, doch für einen bestimmten

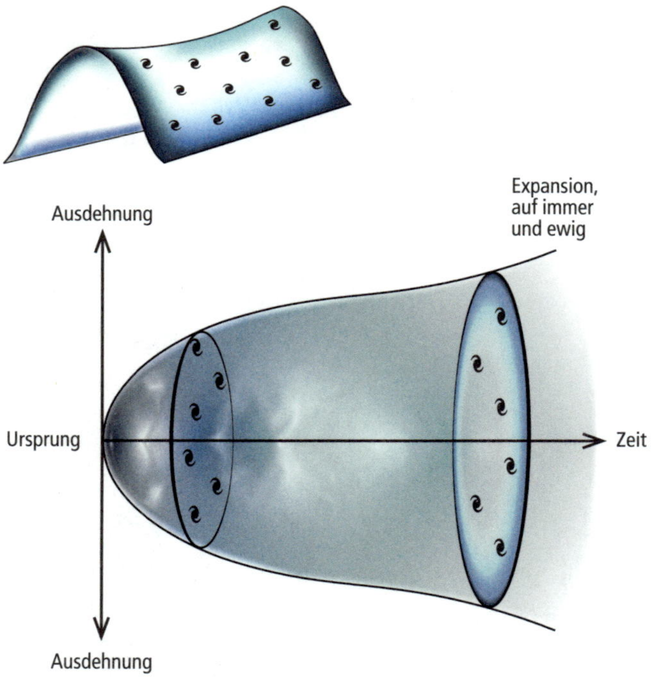

Offenes Universum: In einem offenen Universum ist der Raum analog zu einer Sattelfläche im Zweidimensionalen gleichmäßig negativ gekrümmt. Er ist unbegrenzt und unendlich. Im zeitlichen Verlauf wird sich ein offenes Universum bis in alle Ewigkeit immer weiter ausdehnen.

Zeitpunkt – also im heutigen, lokalen Universum – erscheint sie gewissermaßen als Konstante: die Hubble-Konstante – jener Parameter, der auch in der Hubble-Lemaître-Beziehung auftaucht.

Da Lemaître seine Arbeit auf Französisch und in einem unbekannten belgischen Journal veröffentlichte, blieb sie zunächst kaum beachtet. Es war schließlich Arthur Eddington, der das neue Modell des Kosmos in der Fachwelt unter die Leute brachte.

In diesen Jahren machten sich noch weitere Theoretiker an Einsteins Feldgleichungen zu schaffen, um das Universum als Ganzes

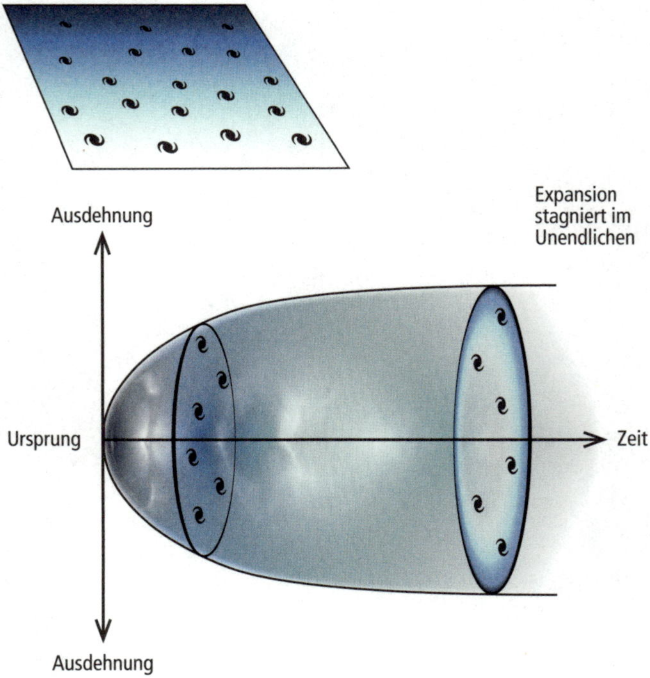

Flaches Universum: Ein flaches Universum ist endlich, der Raum ist nicht gekrümmt, er entspricht dem uns vertrauten euklidischen Raum. Das Universum dehnt sich immer weiter aus, wobei die Expansion im Unendlichen zur Ruhe kommt.

zu beschreiben. Schließlich waren es Friedmann und Lemaître, die unabhängig voneinander als Erste den Schritt hin zu in der Zeit variierenden Lösungen für den Radius des Universums machten. Später bewiesen der Physiker Howard P. Robertson (1903–1961) und der Mathematiker Arthur G. Walker (1909–2001), dass diese Lösung als einzige eine räumlich homogene und isotrope Raumzeit beschreibt. Sie ist bis heute dasjenige mathematische Modell, das das Universum über die von uns beobachtbare Zeitskala am besten erklärt.

KAPITEL 2

AUF DER SUCHE NACH DEM URKNALL

Wie die Kosmologie aus der Ecke der Spekulation ihren Weg zu einer handfesten Wissenschaft nahm

Urknall: Was sich in den allerersten Momenten abgespielt hat, als das Universum zu existieren begann, ist auch heute noch ein Rätsel. Mit theoretischen Modellen tasten sich Kosmologen bis auf winzigste Bruchteile einer Sekunde an unseren kosmischen Ursprung heran.

Die zukünftige Entwicklung des Universums ließ sich Anfang des 20. Jahrhunderts noch ebenso wenig beschreiben wie seine Vergangenheit – und die Kosmologie blieb ein Reich der Spekulationen. Doch die Hinweise verdichteten sich, dass es irgendwann einen Ursprung genommen haben musste: Denkt man das expandierende Universum in der Zeit zurück, müsse es und mit ihm auch der Raum aus einem Punkt hervorgegangen sein, folgerte Lemaître damals. Außerdem erhielt man aus der Expansionsrate, wenn man zurückrechnete, das Alter des Universums.

Sollte dieses Modell tatsächlich auf das Universum zutreffen, müsste es anfangs nicht nur kleiner, sondern auch dichter und heißer gewesen sein, schloss Lemaître daraus weiter. Und er dachte – völlig auf der Höhe der wissenschaftlichen Erkenntnisse seiner Zeit – den Ursprung des Universums aus der Perspektive der Quantentheorie weiter, die neben der Allgemeinen Relativitätstheorie die Physik seit Beginn des 20. Jahrhunderts gleichermaßen revolutionierte. Im Gegensatz zu Einsteins Theorie der Gravitation beschreibt sie die Phänomene im Allerkleinsten.

Lemaître ging von einem Uratom aus, das explosionsartig radioaktiv zerfiel und dadurch expandierte. Auf der Versammlung zum 100-jährigen Bestehen der British Association for the Advancement of Sciences im Jahr 1931 führte er seine Ideen über das Universum in einem Vortrag näher aus und bemerkte: „We want a fireworks theory of evolution. The last two thousand million years are slow evolution: they are the smoke and ashes of bright but very rapid fire works“. (Wir brauchen eine „Feuerwerk“-Theorie für die Entwicklung [des Universums]. Die letzten zwei Milliarden Jahre verlief die Entwicklung langsam: Sie waren gewissermaßen der Rauch und die Asche eines hellen, aber dennoch sehr schnellen Feuerwerks.) Außerdem mutmaßte er, dass die energiereiche kosmische Strahlung, die die obere Atmosphäre ionisiert – wie Viktor Hess (1883–1964) und

Pierre Auger (1899–1993) damals bereits herausgefunden hatten –, aus dem radioaktiven Zerfall von Superatomen aus der ersten Generation von Sternen stammte.

Lemaîtres Ideen über den physikalischen Anfang des Universums, die er 1946 in dem Buch *L'hypothèse de l'atome primitif* („Die Hypothese eines Uratoms") veröffentlichte, erscheinen aus heutiger Sicht noch sehr spekulativ; nichtsdestotrotz waren seine Gedanken wegweisend. Denn um eine Betrachtungsweise unseres kosmischen Ursprungs auf atomarer, ja sogar subatomarer Ebene sollte die Physik auch in Zukunft nicht umhinkommen. Und letztlich begründete er damit die Urknalltheorie, auch wenn man den Ursprung des Universums damals noch nicht als solchen bezeichnete.

Bis Mitte der 1940er-Jahre war die Atom- und Kernphysik weitgehend ausgereift. Man wusste längst, dass Atome aus einem Atomkern mit positiv geladenen Protonen und elektrisch neutralen Neutronen bestehen, den negativ geladene Elektronen in einer Hülle umkreisen, und zwar dergestalt, dass sich Kernladung und Ladung der Hüllenelektronen gegenseitig aufheben.

Dabei definiert die Anzahl der Protonen eines Atoms ein Element und bestimmt dessen Platz im Periodensystem. Die Neutronen im Atomkern dienen gewissermaßen als Kitt und verleihen Atomkernen mit mehreren Protonen ihre Stabilität. Darüber hinaus kann ein Atomkern eines bestimmten Elements unterschiedlich viele Neutronen besitzen. Dass diese verschiedenen Produkte eines Elements, auch Isotope genannt, unterschiedlich stabil sind und sich über radioaktive Zerfallsprozesse in andere chemische Elemente umwandeln können, hatten Marie und Pierre Curie (1867–1934 und 1859–1906) sowie Henri Becquerel (1852–1908) zu Beginn des 20. Jahrhunderts entdeckt. Das kann zum Beispiel durch den Alpha-Zerfall geschehen, bei dem der Atomkern einen Heliumkern, bestehend aus zwei Protonen und zwei Neutronen, aussendet, oder über den Beta-Zerfall, bei dem sich

Kernenergie: Sir Arthur Eddington fand Anfang des 20. Jahrhunderts heraus, dass die Sonne ihre Energie im Inneren durch Kernfusion von Wasserstoff zu Helium erzeugt. Nur so kann sie auf Dauer leuchten und auf der Erde Leben möglich machen.

ein Proton in ein Neutron umwandelt und dabei unter anderem ein Positron – das Antiteilchen des Elektrons – emittiert. Damit beim Beta-Zerfall auch die Impulserhaltung gewährleistet bliebe, postulierte Wolfgang Pauli (1900–1958) Anfang der 1930er-Jahre ein weiteres, neutrales und nahezu masseloses Teilchen. Doch erst Ende der 1950er-Jahre gelang es Frederick Reines (1918–1998), dieses Teilchen, das Neutrino, nachzuweisen. Als freie Teilchen sind Protonen dagegen nahezu ewig stabil, ihr Zerfall wurde bis heute nicht gemessen. Die Halbwertszeit eines freien Protons beträgt nach derzeitigem Kenntnisstand mindestens 10^{34} Jahre und ist damit um zig Größenordnungen länger als das Universum alt ist. Freie Neutronen wiederum „überleben“ kaum eine Viertelstunde, ihre Halbwertszeit beträgt knapp 15 Minuten.

Darüber hinaus hatte man bereits ein grundlegendes Verständnis dafür entwickelt, wie Sterne Energie durch Kernfusion erzeugen. Sir Arthur Eddington hatte zu Beginn des 20. Jahrhunderts erkannt, dass die Sonne Energie erzeugt, indem sie in ihrem Inneren Wasserstoff zu Helium fusioniert, und Hans Bethe (1906–2005) sowie Carl Friedrich von Weizsäcker (1912–2007) hatten die Kernfusionsprozesse in massereicheren Sternen erklärt.

WOHER STAMMEN DIE ELEMENTE?

Wohin man im Universum auch blickte, überall schienen die chemischen Elemente gleich verteilt zu sein. Wasserstoff, das leichteste Element, dominierte durchweg, am zweithäufigsten trat Helium, das nächste Element des Periodensystems, auf. Der Anteil noch schwererer Elemente nahm nach einem bestimmten Muster immer weiter ab. Ab einer bestimmten Atommasse schienen die Elemente jedoch nicht mehr allzu sehr auszudünnen, sondern ähnlich häufig vorzukommen.

Wie aber waren all diese Elemente in die Welt gekommen, und noch dazu in den beobachteten Mengenverhältnissen? Nach der Vorstellung des sowjetisch-amerikanischen Physikers George Gamow (1904–1968) sollten in einem Universum, das im Sinne des Friedmann-Lemaître-Modells expandierte, sämtliche Elemente aus dem extrem dichten und heißen Anfangszustand vor einigen Milliarden Jahren hervorgegangen sein. Mehr noch: Auch die heute beobachte-

Urelement: Der Wasserstoff, das leichteste und bei weitem häufigste Element im Universum, ist in den ersten Minuten nach dem Urknall entstanden. Er ist unabdinglich für die Energieproduktion in Sternen; im interstellaren Raum ist das Element gebunden in Gaswolken, wie hier in der Region Sharpless 2-296, omnipräsent. Ionisierter Wasserstoff leuchtet in sattem Rot.

ten Häufigkeiten der Elemente sollten sich bereits damals eingestellt haben, und so seien sie gewissermaßen das „älteste archäologische Dokument, das etwas zur Geschichte des Universums enthält, [...]", schreibt Gamow in einer Veröffentlichung.

Gamow sowie Ralph Alpher (1921–2007) und Hans Bethe gingen von einem Urzustand aus, in dem die Materie als dichtes, heißes Neutronengas vorlag. Freie Protonen und Elektronen hätten unter diesen Bedingungen keinen Bestand, die Elektronen würden in die Protonen gedrückt und zu Neutronen vereinigt. Sobald der Gasdruck infolge der Expansion ausreichend gesunken war, würden die Neutronen über den Beta-Zerfall wieder in Protonen und Elektronen zerfallen. Nun konnten, ausgehend von den Protonen als Wasserstoffkerne und den noch übrigen Neutronen, die schweren Elemente entstehen: Die primordiale Nukleosynthese setzte ein.

Während die Elemente bis zum Eisen durch Kernfusion aus leichteren Elementen entstehen, bilden sich die schwereren Elemente, indem sie einzelne Neutronen oder Protonen einfangen und am Kern anlagern. Dabei laufen die verschiedenen Prozesse jeweils unter unterschiedlichen physikalischen Bedingungen ab. So schloss Gamow aus der heutigen Elementverteilung darauf, wie lange in den ersten Momenten des Kosmos welche Temperaturen und Dichten geherrscht haben und wie schnell das Universum damals expandiert sein musste.

Nach Gamows Modell endete die primordiale Nukleosynthese, weil freie Neutronen, die die Entstehung schwererer Elemente bedingten, schon nach einer Viertelstunde zerfielen. Aus seinem Modell schätzte Gamow, ausgehend von der Häufigkeit der verschiedenen radioaktiven Isotope, auch das Alter des Universums ab und erhielt einen ähnlichen Wert wie über das allgemeinrelativistische Expansionsmodell, nämlich einige Milliarden Jahre.

Bald sollte sich jedoch herausstellen, dass er mit dieser Abschätzung falsch lag. Vor allem stimmte seine Interpretation nicht, nach der

Elementeküche: Die meisten schwereren Elemente sind durch Kernfusion im Inneren von Sternen oder sogar in Supernova-Explosionen entstanden. Der Supernovaüberrest Cassiopeia A ist hier in einer Infrarot-Aufnahme des James Webb Space Telescope abgebildet und für das menschliche Auge sichtbar gemacht.

sämtliche Elemente, die wir heute im Universum verbreitet sehen, bereits kurz nach dem Urknall entstanden seien. Denn die primordiale Nukleosynthese konnte damals aus verschiedenen Gründen gar nicht über Lithium hinaus fortschreiten. Tatsächlich wurden sämtliche Elemente schwerer als Lithium erst in den Sternen produziert, wie Margaret und Geoffrey Burbidge (1919–2020 und 1925–2010) zusammen mit William Fowler (1911–1995) und Fred Hoyle (1915–2001) in ihrer berühmten Arbeit *The Synthesis of the Elements in Stars* von 1957 darlegten.

Den wahren Grund dafür, warum die primordiale Nukleosynthese viel früher als ursprünglich gedacht zum Erliegen kam, erkannte später der kanadische Kosmologe James Peebles. Sobald die Temperatur bei einer bestimmten Dichte unter einen kritischen Wert abfällt, ist Deuterium (schwerer Wasserstoff), das für einen Zwischenschritt zur Heliumproduktion benötigt wird, nicht mehr stabil und zerfällt, bevor es weiter zu Helium fusionieren kann. Diese Bedingungen haben sich im Universum bereits eingestellt, bevor noch andere Elemente entstehen konnten.

Eine ganz wesentliche Vorhersage, die Gamow gemeinsam mit Alpher und Robert Herman (1914–1997) über das Universum machte, sollte jedoch Bestand haben: Sie erkannten, dass das frühe Universum nicht von Materie, sondern von Strahlung dominiert war und es einen Zeitpunkt gegeben haben muss, zu dem die Materie von der Strahlung entkoppelte und schließlich die Oberhand gewann. Von damals müsse eine Reststrahlung übrig sein, die das Universum noch heute durchdringe, so vermuteten die Physiker. Sie sollte der eines Schwarzen Körpers gleichen, also einen kontinuierlichen Verlauf über einen breiten Spektralbereich aufweisen und in einem für eine bestimmte Temperatur, in diesem Fall zwischen fünf und 50 Kelvin, charakteristischen Bereich am intensivsten sein.

Mit dem Modell eines Universums, das seinen Anfang in einem extrem dichten und kompakten Zustand nahm und dann immerzu expandierte, konkurrierte nach wie vor das Modell eines zeitlich unveränderlichen Kosmos. Diese Vorstellung vertraten Ende der

1940er-Jahre Hermann Bondi (1919–2005) und Thomas Gold (1920–2004) sowie Fred Hoyle.

Bondi und Gold kamen zu dem Schluss, dass die physikalischen Gesetze, die wir heute und hier auf der Erde beobachten, eindeutig nur mit einem stationären homogenen Universum in Einklang zu bringen seien. Wenn das Universum einen kompakteren Zustand als den heutigen beobachtbaren durchlaufen haben sollte, könne man nicht sicher sein, ob damals dieselben physikalischen Gesetze gegolten hätten. Und das entspräche nicht einem auf die zeitliche Dimension erweiterten kosmologischen Prinzip.

Nun zeigten aber die flüchtenden Galaxien, dass sich das Universum ausdehnt. Damit der Kosmos dennoch seit jeher in demselben zeitlich unveränderlichen Zustand habe verweilen können und auch weiterhin im Gleichgewicht bliebe, müsste allerdings permanent Materie entstehen. Die Rate, mit der neue Materie erzeugt werden müsse, sei aber zu gering, um dies direkt zu beobachten, so Bondi und Gold. Diese Gleichgewichts- oder Steady-State-Theorie fußte ebenfalls auf den Gleichungen der Allgemeinen Relativitätstheorie, wobei Fred Hoyle einen zusätzlichen Term ergänzte, der dafür sorgt, dass stetig neue Materie erzeugt wird.

Kurioserweise war es ausgerechnet Fred Hoyle aus dem Lager der Steady-State-Theorie, der dem Urknall-Modell zu seinem Namen verhalf. Er führte den Ausdruck „Big Bang“ in einem Radiointerview ein, um dieses Modell etwas plakativer zu beschreiben.

DAS ECHO DES URKNALLS

Nachdem das Wissen um eine mögliche Reststrahlung aus der Frühzeit des Universums vorübergehend in den Hintergrund getreten war, beschäftigten sich Astronomen Mitte der 1960er-Jahre erneut damit.

Zufallsfund: Mit der 15-Meter-Hornantenne in Holmdel, New Jersey, entdeckten Robert Wilson und Arno Penzias 1964 zufällig die kosmische Hintergrundstrahlung. Eigentlich untersuchten die beiden Physiker an den Bell Laboratories die Übertragung von Radiowellen in der Atmosphäre.

Gezielt suchten Robert Dicke (1916–1997), James Peebles, Peter Roll und David Wilkinson (1935–2002) vom Palmer Physical Laboratory an der Princeton University in New Jersey mit einer für die damalige Zeit in der Radioastronomie üblichen Hornantenne nach Mikrowellenstrahlung bei einer Wellenlänge um drei Zentimeter. Auch sie erwarteten, dass sich die kosmische Hintergrundstrahlung in der charakteristischen Form wie das Spektrum eines Schwarzen Körpers über einen breiteren Wellenlängenbereich erstrecken sollte. Doch bei deutlich kürzeren Wellenlängen absorbiert der Wasserdampf in der Erdatmosphäre die Strahlung weitgehend; bei größeren Wellenlängen dagegen würden zusätzliche Radioquellen aus der Milchstraße und außerhalb der Galaxis überwiegen.

Keine 50 Kilometer Luftlinie von Princeton entfernt, untersuchten zu dieser Zeit Arno Penzias und Robert Wilson an den Bell Laboratories die Reflexion von Radiowellen an Echoballonsatelliten. Damit leisteten die beiden Physiker wichtige Vorarbeiten für die interkontinentale Satellitenkommunikation. Ihre Hornantenne war ausgesprochen empfindlich, und obwohl sie sämtliche denkbaren Störquellen ausschalteten, empfingen sie permanent ein diffuses Hintergrundrauschen, das sich auch nicht durch ein auf der Antenne nistendes Taubenpaar erklären ließ. Es trat bei einer Temperatur von etwa 3,5 Kelvin auf, schien aus allen Richtungen des Himmels zu kommen und sich weder mit der Tageszeit noch im Jahreslauf zu ändern. Schließlich verorteten Penzias und Wilson das Signal von außerhalb der Milchstraße kommend. Zwar waren die beiden zunächst gar nicht über die Forschung von Dicke und seinen Kollegen im Bilde, doch bald wurde klar, dass sie mit ihrem Zufallsfund den Forschern aus Princeton zuvorgekommen waren.

Allerdings hatten auch Penzias und Wilson nur bei zwei engen Frequenzen gemessen, und so ließ sich noch nicht feststellen, ob das Signal die gesamte Bandbreite einer Schwarzkörperstrahlung ausfüllte, wie es das Echo des Urknalls erwarten ließ.

In den Folgejahren versuchte man, durch Messungen von Ballonen oder auch Raketen aus, dem Einfluss der Erdatmosphäre zu entkommen, um die Natur der kosmischen Hintergrundstrahlung besser zu erkunden, doch die meisten Untersuchungen dazu stützten sich noch auf bodengebundene Beobachtungen: Dabei zeichnete sich zwar bereits das Spektrum eines Schwarzen Körpers ab, allerdings gab es auch widersprüchliche Ergebnisse. Zudem erlaubten die Messungen bis dahin noch keinen gleichmäßigen Blick auf die gesamte Himmelssphäre.

Dennoch ließ sich die Existenz der kosmischen Hintergrundstrahlung bestätigen und ebenso, dass die Temperatur dieser Strahlung

Flüchtende Galaxien im Steady-State? Obwohl längst offensichtlich war, dass sich die meisten Galaxien von uns fortbewegen, hielten zunächst einige renommierte Wissenschaftler an dem Modell eines zeitlich unveränderlichen Universums fest. Um die Beobachtungen dennoch zu erklären, sollte nach Bondi, Gold und Hoyle fortlaufend neue Materie kreiert werden. (Das Bild zeigt den Fornax-Galaxienhaufen.)

drei Kelvin betrug. Penzias und Wilson hatten also den Nachweis für das Urknallmodell des Universums erbracht und wurden 1978 mit dem Nobelpreis für Physik ausgezeichnet.

Spätestens von da an galt auch das Steady-State-Modell des Universums als widerlegt. Zwar versuchten die Verfechter dieses Lagers, die beobachtete Hintergrundstrahlung noch aus ihrem Modell heraus zu erklären. So sollte diese von alten, inzwischen erloschenen Sternen stammen und an interstellarer Materie und Staub reflektiert worden sein. Allerdings erschien diese Hypothese nicht sehr plausibel. Denn auf diese Weise ließe sich kaum eine über den gesamten Himmel derart homogene Strahlung erzeugen, wie sie der kosmische Mikrowellenhintergrund liefert.

SINGULARITÄTEN

Die Entdeckung der kosmischen Hintergrundstrahlung fiel in eine Zeit, in der die Allgemeine Relativitätstheorie eine Renaissance erlebte. Ab den 1960er-Jahren widmete sich eine Reihe von Mathematikern und theoretischen Physikern den Einsteinschen Feldgleichungen noch einmal genauer. Nun hatten sie neue Techniken zur Lösung der Feldgleichungen zur Hand, die ihnen zur Zeit der Veröffentlichung der ART noch nicht geläufig waren. Ihr besonderes Interesse galt der Frage nach den sogenannten Singularitäten. Mathematisch gesehen tritt eine solche Situation etwa dann ein, wenn ein beliebiger endlicher Zahlenwert durch Null geteilt wird. In der physikalischen Welt käme dies beispielsweise einer Situation gleich, in der eine Masse räumlich in einem Punkt konzentriert wäre. Selbst für eine endliche Masse würden dann sowohl Dichte als auch Gravitation dort unendlich groß. Zwar lassen sich Unendlichkeiten mathematisch handhaben, physikalisch aber ergeben sie keinen Sinn. Deshalb machen Physiker und Kosmologen gerne erst einmal einen großen Bogen, wenn sie merken, dass sie auf eine solche Situation zusteuern könnten.

Bereits 1916 hatte der deutsche Astrophysiker Karl Schwarzschild (1873–1916) eine Methode entwickelt, mit der sich das Gravitationsfeld einer punktförmigen Masse sinnvoll beschreiben ließ. Er fand dabei als Lösung den nach ihm benannten Schwarzschildradius, der eine Raumregion um eine punktförmige Masse kennzeichnet, von der aus kein Licht nach außen dringen kann. Allerdings war bei den

Lösungen von Schwarzschild noch nicht ganz klar, ob es sich um einen Spezialfall handeln würde, der nur in einem bestimmten Koordinatensystem auftrat.

In der Zwischenzeit hatte Roger Penrose unter anderem das sogenannte Singularitäten-Theorem veröffentlicht, mit dem sich die Einsteinschen Feldgleichungen auf wesentlich allgemeinere Weise lösen ließen als zuvor. So konnten Penrose und Stephen Hawking (1942–2018) nun zeigen, dass sich solche Singularitäten notwendigerweise ergeben, wann immer es zu einem Gravitationskollaps kommt, und außerdem, dass diese Singularitäten immer eine Schwarzschildsphäre ausbilden, die sie vom übrigen Universum abschirmt.

Davon ausgehend leitete Stephen Hawking zwei ganz wesentliche Konsequenzen für das Universum her, die auf Singularitäten beruhen: Zum einen, dass hinreichend massereiche Sterne am Ende ihres Lebens unter ihrer eigenen Schwerkraft hinter einem Ereignishorizont zu einem Schwarzen Loch zusammenstürzen, das eine Singularität beinhaltet. In der mathematischen Beschreibung des Universums haben diese bizarren Gebilde der Schwarzen Löcher also ihren festen Platz. Was für Objekte sich hinter dieser Oberfläche – die auch Ereignishorizont genannt wird – verbergen, blieb jedoch weiterhin rätselhaft. Denn Ereignisse jeglicher Natur, die sich jenseits dieses Horizonts abspielen, sind für einen außenstehenden Beobachter nicht sichtbar. Später widmete Hawking einen beachtlichen Teil seiner Arbeit der Frage, ob und wie sich diese eigentlich mathematischen Gebilde nicht doch auf physikalische Weise im Universum bemerkbar machen sollten: durch die sogenannte Hawking-Strahlung.

Sie kommt durch eine Kombination von Effekten aus der Quantenmechanik, der ART und der Thermodynamik zustande. Bildlich lässt sie sich beispielsweise durch die Erzeugung virtueller Teilchenpaare aus Materie und Antimaterie verstehen. Das können zwei Photonen, zwei Neutrinos oder auch ein Elektron und ein Positron

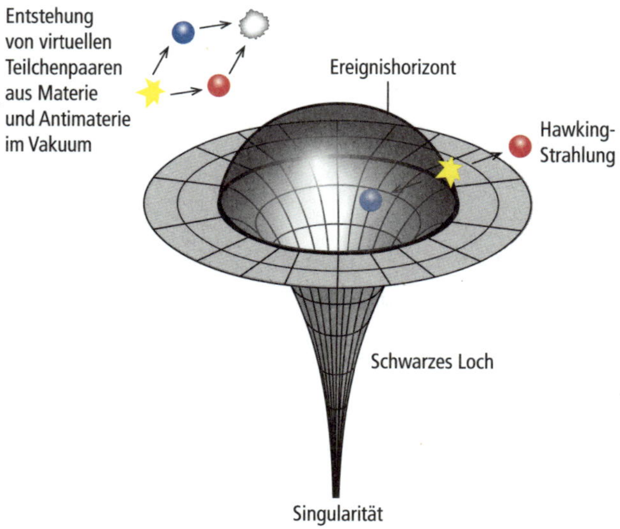

Schwarze Löcher: Stephen Hawking machte Schwarze Löcher in der theoretischen Physik salonfähig. Die Singularität eines Schwarzen Lochs wird nach außen hin durch den Ereignishorizont abgeschirmt. Von jenseits davon kann keine Information nach außen dringen. Oder vielleicht doch über die sogenannte Hawking-Strahlung?

sein. In der Regel löschen sie sich sofort wieder gegenseitig aus, deshalb die Bezeichnung virtuell. Demzufolge kommt es auch am Ereignishorizont eines Schwarzen Lochs zu solchen Fluktuationen. Hier geschieht allerdings mitunter etwas höchst Ungewöhnliches: Die Teilchen können real werden. Das passiert dann, wenn eines der beiden virtuellen Teilchen den Ereignishorizont überschreitet. Durch die Barriere getrennt, können sie sich nicht mehr vereinigen und gegenseitig auslöschen. Dasjenige außerhalb des Schwarzen Lochs, also auf der Seite des Betrachters, weist eine positive Energie auf. Das andere Teilchen, welches ins Schwarze Loch fällt, muss dementsprechend eine negative Energie besitzen, um die Energieerhaltung zu gewährleisten. Es sieht gewissermaßen so aus, als ob das Schwarze

Loch Teilchen ausspuckt und somit an Masse verliert. Diese Emission wird seither als Hawking-Strahlung bezeichnet, und man spricht üblicherweise vom Verdampfen der Schwarzen Löcher. Mit derzeitigen Mitteln lässt sich die Strahlung jedoch weder beweisen noch widerlegen.

Zum anderen – so leitete Hawking mathematisch her – musste es in der Vergangenheit des Universums ebenfalls eine Singularität gegeben haben, aus der Raum und Zeit entstanden sind. Das schien die Urknalltheorie nun auch von theoretischer Seite her endgültig zu bestätigen. In der Praxis machte es die Sache aber nicht einfacher. Denn diese Ideen, wie und wo sich das seltsame Phänomen der Singularität manifestieren könnte, warfen einen gravierenden Widerspruch auf: In einem Zustand, der aus den Gleichungen der Allgemeinen Relativitätstheorie folgte, versagt die ART selbst ihren Dienst. Rein

Fantasieprodukt? Schwarze Löcher, hier in einer künstlerischen Darstellung, befeuern immer wieder unsere Fantasie, wie es in ihrer näheren Umgebung aussehen könnte. Lange Zeit galten diese Objekte als rein hypothetisch, mittlerweile können sie indirekt nachgewiesen werden.

physikalisch endet die Aussagekraft der Allgemeinen Relativitätstheorie in jener Situation, in der Raum und Zeit, Materie und Energie derart verdichtet sind, dass die Quantenmechanik relevant wird. Und die wiederum ist gar nicht in der Lage, Aussagen über Phänomene zu machen, die kleiner sind, als es das Heisenbergsche Unschärfeprinzip erlaubt. Das bewog Stephen Hawking dazu, nach einer Möglichkeit zu suchen, mit der sich Gravitations- und Quantentheorie verbinden ließen. Jahrelang, bis zu seinem Tod, beschäftigte er sich mit der Quantengravitation als Theorie zur Beschreibung des Urknalls beziehungsweise des Ursprungs des Universums. Dennoch ist die Quantengravitation bis heute nicht konsistent genug, um diese Phänomene schlüssig zu beschreiben.

VON DER THEORIE ZUR BEOBACHTUNG

Der prägende Geist, der die Kosmologie schließlich aus ihrer bisweilen noch recht spekulativen Ecke befreite und zu einer handfesten Wissenschaft machte, war der kanadische Physiker und spätere Nobelpreisträger James Peebles. Er modellierte eine ganze Reihe physikalisch fundamentaler Eigenschaften des (frühen) Universums, die sich schließlich mit Beobachtungen verknüpfen lassen sollten. Er erkannte, dass sich aus der Temperatur der kosmischen Hintergrundstrahlung herauslesen ließ, wie viel (gewöhnliche) Materie während des Urknalls erzeugt worden sein musste. Und er begriff, dass die Entkopplung von Strahlung und Materie essentiell dafür war, dass sich die Materie später zu Sternen und Galaxien zusammenfinden konnte.

Auch hatte man mittlerweile erkannt, dass sich in der ansonsten so homogenen Urmaterie durch Quantenfluktuationen minimale Dichteschwankungen ausgebildet haben mussten, die später als Kondensationskeime für die Bildung von Sternen und Galaxien dienten.

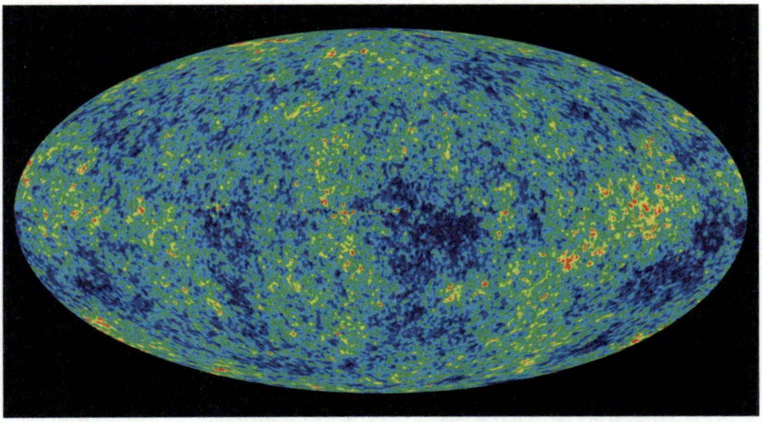

Frühe Strukturen: Der kosmische Mikrowellenhintergrund ist weitgehend homogen. Erst 2001 konnte der Satellit WMAP der NASA bestimmte Fluktuationen durch den Sachs-Wolfe-Effekt in der Temperaturverteilung des Hintergrundes nachweisen.

Diese Dichtefluktuationen sollten als minimale Temperaturschwankungen im kosmischen Mikrowellenhintergrund sichtbar sein. Licht oder elektromagnetische Strahlung, die eine geringfügig dichtere Region verlässt, muss ein etwas größeres Gravitationspotenzial überwinden als Licht aus weniger dichten Regionen. So berechneten die amerikanischen Astrophysiker Rainer Sachs (1932–2024) und Arthur Wolfe (1939–2014), dass die Strahlung aus den dichteren Gebieten minimal rotverschoben sein und der kosmische Mikrowellenhintergrund hier ein klein wenig kühler erscheinen müsste. Diese Art von Temperaturfluktuationen ließ sich später tatsächlich mit dem Satelliten WMAP nachweisen.

Darüber hinaus bilden sich in einem heißen Plasma aus Baryonen, das heißt Teilchen der gewöhnlichen Materie, und Photonen Schallwellen, also nichts anderes als periodische Dichtewellen, die sich je nach Dichte und Temperatur im Plasma ausbreiten. Diese Phänomene im Urplasma beschrieben verschiedene Physiker zu dieser Zeit.

Doch es waren Peebles und sein Kollege J. T. Yu, die die komplexe Entwicklung vom gekoppelten Plasma zur Rekombination und die Struktur, die diese Dichtewellen zum Zeitpunkt der Entkopplung der Strahlung vom Plasma in der Temperatur der Hintergrundstrahlung hinterlassen würden, im Detail simulierten. Ihre Vorhersagen stimmten erstaunlich genau mit den späteren Beobachtungen des Planck-Satelliten überein.

Doch noch bevor man mit Satelliten die kosmische Hintergrundstrahlung näher untersuchen konnte, geriet die Kosmologie in große Erklärungsnot. Um die beobachteten Strukturen im Universum erklären zu können, hätten die Dichteschwankungen im frühen Universum so groß gewesen sein müssen, dass man sie auch mit den damaligen Möglichkeiten eigentlich schon hätte messen müssen. Aber vergebens.

Um dieses Problem zu lösen, führte Peebles die sogenannte kalte Dunkle Materie ein, eine Substanz, die allein über Gravitation, aber keinerlei der übrigen bekannten Grundkräfte mit der uns bekannten Materie wechselwirken kann. Diese Art der Dunklen Materie sollte dafür sorgen, dass noch so winzige Dichteschwankungen aus der Frühzeit des Universums wesentlich rascher anwuchsen und dadurch die heute beobachteten großräumigeren Strukturen entstehen konnten (siehe Kapitel 3, S. 104).

PROBLEME MIT DEM URKNALLMODELL

Doch das Urknallmodell brachte noch größere Probleme mit sich. Die Tatsache, dass die kosmische Hintergrundstrahlung in allen Richtungen homogen ist, das heißt überall dieselbe Temperatur und Intensität aufweist, mag auf den ersten Blick das kosmologische Prinzip, wie es auch der Lösung der Friedmann-Lemaître-Gleichungen zugrunde liegt, ganz wunderbar bestätigen. Ganz so trivial ist die Sache aber nicht.

Denn zwei gegenüberliegende Regionen etwa, in denen der kosmische Mikrowellenhintergrund ja ebenfalls dieselbe Temperatur aufweist, stehen gar nicht kausal miteinander in Verbindung. Das Licht aus diesen beiden Ecken des Kosmos hat es zwar jeweils bis zu uns geschafft, seit es ausgesandt wurde, aber noch nicht weiter und damit eben auch nicht von den beiden Regionen zueinander. Diese Gegenden – und das gilt nicht nur für direkt gegenüberliegende – konnten bisher noch keine Information untereinander austauschen, sodass sie ihre Temperatur hätten angleichen können.

Wenn man bedenkt, dass sich das Weltall seit seiner Entstehung ausgedehnt hat, waren zwar die beiden gegenüberliegenden Regionen früher näher beieinander. Aber der Horizont, bis zu dem das Licht von diesen Orten aus jeweils reichte, war ebenfalls kleiner, und zwar sogar um einen größeren Faktor. Geht man von einem sich nach dem klassischen Friedmann-Lemaître-Modell ausdehnenden Universum aus, schrumpft jener Horizont, der durch die Lichtlaufzeit bestimmt ist, stärker als der Abstand zwischen zwei Orten. Regionen, die im heutigen Universum nicht kausal zusammenhängen, taten das in der Vergangenheit noch viel weniger. Unter diesem Aspekt ist die Annahme des kosmologischen Prinzips, also eines homogenen Universums in seiner Frühphase, alles andere als plausibel.

Und noch eine weitere Eigenschaft des Universums, die an sich recht bequem ist, sollte uns eigentlich stutzig machen. Allen Beobachtungen zufolge scheint das Universum nahezu geometrisch flach zu sein. Und wie die Friedmanngleichungen zeigen, muss ein Universum, das heute nahezu flach ist, früher noch viel flacher gewesen sein.

Damit das Universum genau diese Eigenschaft erhält, muss es wiederum ziemlich genau eine kritische Dichte an Masse und Energie besitzen. Für die anderen beiden Optionen – geschlossen und positiv

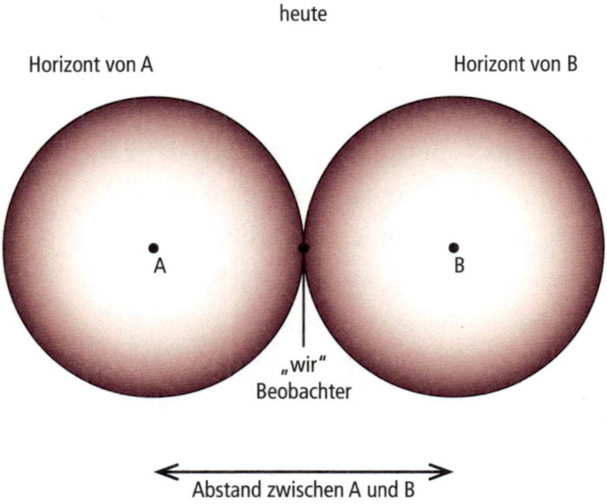

Horizontproblem: Wie können sich im Universum auch solche Regionen angleichen, die gar nicht kausal miteinander in Verbindung stehen?

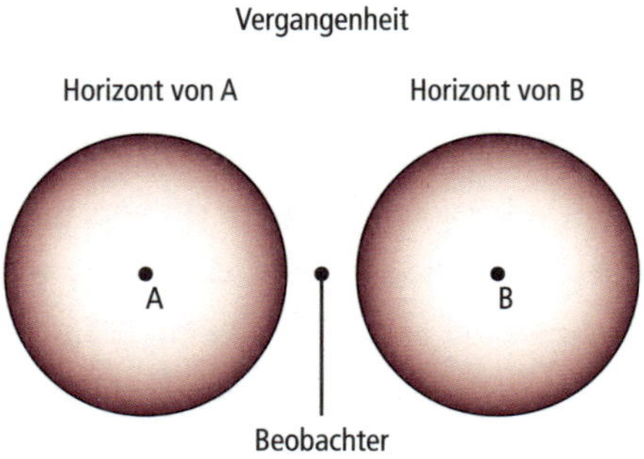

Ohne Inflation: In der Vergangenheit waren die Orte A und B zwar näher beieinander, aber ihr Horizont war auch kleiner. So bestand früher kein kausaler Zusammenhang zwischen A und B. Der Horizont in der Vergangenheit schrumpft stärker als der Abstand zwischen A und B.

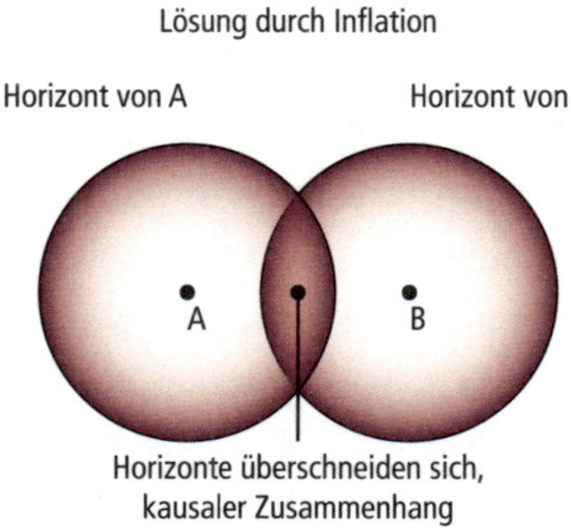

Mit Inflation: Die Inflation soll das Horizontproblem lösen. Durch eine anfangs exponentielle Ausdehnung des Universums wären Regionen, die einst kausal miteinander in Verbindung standen, derart auseinandergetrieben worden, dass sie heute keine Informationen mehr austauschen können.

gekrümmt oder offen und negativ gekrümmt – ist dagegen die Bandbreite an möglichen Dichten deutlich größer, nahezu beliebig. Also wäre ein nicht-flaches Universum im Grunde wesentlich wahrscheinlicher. Umgekehrt ist es recht unwahrscheinlich, dass die Bedingungen am Anfang so exakt aufeinander abgestimmt waren, dass sie ein heute flaches Universum produzierten. So müsste die Ausdehnungsgeschwindigkeit, also die Hubble-Konstante, im frühen Universum einen ganz bestimmten Wert angenommen haben, damit sich die Bedingungen für ein flaches Universum entwickeln konnten. Doch das wäre sehr fraglich.

INFLATION ALS LÖSUNG?

Auf eine Lösung für diese Probleme stießen Ende der 1970er-, Anfang der 1980er-Jahre verschiedene Theoretiker gleichzeitig: in der damaligen Sowjetunion beispielsweise unabhängig voneinander Andrei Linde und Alexei Starobinsky und außerdem etwas später der amerikanische Kosmologe und Physiker Alan Guth. Dabei waren Guths Arbeiten in der Wissenschaftsgemeinde wesentlich bekannter. Die Idee war, dass das Universum zu Beginn in kürzester Zeit exponentiell expandiert sein sollte, das heißt, um mindestens 28 Größenordnungen oder mehr abkühlte und sich in einer inflationären Phase explosionsartig ausdehnte.

Wäre das der Fall gewesen, könnten Regionen, die damals kausal zusammenhingen und sich in der Temperatur angleichen konnten, derart auseinandergetrieben worden sein, dass sie bald darauf keine Information mehr austauschen konnten – und das bis heute nicht mehr können. Ebenso würde die Inflation das Flachheitsproblem lösen. Unabhängig davon, wie stark das Universum anfangs gekrümmt war, sollten auch größere Unebenheiten oder eine größere Krümmung im Zuge der Inflation geglättet worden sein, sodass das Universum daraufhin als flach erscheint. Damit wäre also eine sehr viel größere Vielfalt an Anfangsbedingungen möglich.

Dabei stammt die Grundidee zur Inflation aus der Teilchenphysik. Hier zeigte sich, dass sich alle drei Grundkräfte unter sehr hohen Energien in einer Grand Unified Theory oder GUT zu einer einzigen Eichkraft vereinigen und umgekehrt erst ab einer bestimmten unteren Energiegrenze ähnlich Phasenübergängen zu den unterschiedlichen Kräften auskristallisieren. Die GUT ergibt sich, wenn man die Grundkräfte im Sinne der Feldtheorien miteinander verknüpft. Einer der treibenden Akteure auf diesem Gebiet war der theoretische Physiker und Nobelpreisträger Steven Weinberg (1933–2021), der sich im Speziellen mit der Vereinigung der elektromagnetischen und der schwachen zur elektroschwachen Wechselwirkung befasste. Und er war der Erste, der eine Brücke zwischen der Teilchenphysik und der Kosmologie schlug.

Alan Guth stieß auf eine inflationäre Expansionsphase des Universums als Lösung für die genannten Probleme, als er sich unter dem Einfluss von Steven Weinberg mit einem Teilaspekt der GUT befasste, und zwar mit magnetischen Monopolen. Sie tauchen unter bestimmten Bedingungen im Rahmen der GUT auf, sind aber bis heute nicht experimentell gefunden worden.

Die klassische Physik kennt Magnete in der Praxis nur als Dipole, das heißt ein Magnet besteht immer, sei er auch noch so klein, aus einem Nord- und einem Südpol. Dabei gibt es zwei Entstehungsmechanismen. Der eine, in eher makroskopischer Ebene, durch bewegte Ladung, etwa als Strom in einer Spule; die andere Variante ist der natürlich vorkommende Magnetismus bestimmter Materialien, der durch das magnetische Moment des Elektrons (oder anderer Teilchen), das durch seinen Spin – den Quantendrehimpuls – erzeugt wird, zustandekommt.

In den Maxwellschen Gleichungen zum Elektromagnetismus werden magnetische Monopole mathematisch noch ausgeschlossen, dennoch spekulierte Pierre Curie schon Ende des 19. Jahrhunderts über deren Existenz.

Tatsächlich relevant werden magnetische Monopole jedoch in der Quantentheorie und dem Standardmodell der Teilchenphysik unter extremen Bedingungen, wie sie im ganz frühen Universum kurz nach dem Urknall auftraten.

1931 zeigte der theoretische Physiker Paul Dirac (1902–1984), dass magnetische Monopole tatsächlich existieren könnten. Letztlich folgen sie aus seiner Formulierung des relativistisch-quantentheoretischen Elektromagnetismus. Seither wird nach ihnen experimentell gesucht, bislang allerdings ohne Erfolg. Das könnte seinen Grund in der Masse haben, die mit einem magnetischen Monopol assoziiert ist. Sie wird auf rund 10^{13} TeV geschätzt. Solche massereichen Teilchen können nur unter Bedingungen entstanden sein, wie sie noch vor der Inflation im Universum geherrscht haben. Sollte das der Fall gewesen sein, müssten heute noch einige davon übrig sein, allerdings so wenige, dass sie zu unserer Zeit nicht mehr zu finden sein dürften.

Der Large Hadron Collider (LHC) am CERN in Genf hat eine neue Messkampagne aufgenommen, bei der er erstmals über Kollisionsenergien von 14 Teraelektronenvolt verfügen wird. Das ist unvorstellbar weit von der theoretischen Masse der magnetischen Monopole entfernt, sodass sie sich niemals in irdischen Labors werden erzeugen lassen. Allerdings waren Physiker in der Lage, mit Experimenten am LHC eine untere Massengrenze für magnetische Monopole festzulegen.

Nach der GUT der Teilchenphysik entstehen magnetische Monopole durchaus, doch ein ähnliches inflationäres Szenario sorgt dafür, dass sie unter den physikalischen Bedingungen, die wir heute kennen,

Fahndung im Mikrokosmos: Der Large Hadron Collider am CERN ist der leistungsfähigste Teilchenbeschleuniger der Welt. Hier wurde 2012 das Higgs-Teilchen nachgewiesen. In anderen Experimenten suchen Physiker dort nach noch unbekannten Teilchen oder versuchen, die Masse magnetischer Monopole einzugrenzen.

nicht mehr existieren. Auf diese Weise würde eine inflationäre Expansion zu Beginn das Universums auch gleich noch das Fehlen der magnetischen Monopole erklären.

Während die Inflation, wie Guth sie entwickelt hat, einige Probleme zu lösen vermag, wirft sie ihrerseits auch neue auf. Zum Beispiel ist nicht klar, wie die zunächst exponentielle Expansion in die „gewöhnliche" Phase der Expansion übergehen soll. Darüber hinaus ist die Rate der Elemententstehung verglichen mit der Expansionsrate des Universums langsam, und so würde das auf einer anderen Ebene zu großen Inhomogenitäten führen. Guth schließt die Inflation daher zwar nicht als unmöglich aus, weist aber darauf hin, dass es Abänderungen seines Modells bedürfe, um das Problem der Inhomogenitäten zu beseitigen.

„I am publishing this paper in the hope that it will highlight the existence of these problems (that of the horizon and the one of flatness) and encourage others to find some way to avoid the undesirable features of the inflationary scenario“, schreibt Guth selbstkritisch. (Ich veröffentliche dieses Paper in der Hoffnung, dass ich damit auf die Existenz dieser Probleme [das Horizontproblem und das Flachheitsproblem] aufmerksam mache und andere ermutige, einen Weg zu finden, die unliebsamen Eigenschaften des Inflationsszenarios zu verhindern.)

In der Zwischenzeit haben verschiedene Kosmologen, darunter Andrei Linde und Paul Steinhardt, die Inflationstheorie weiter ausgearbeitet. Auch wenn es noch keine mathematisch endgültig schlüssige Formulierung des Problems gibt, ist sie als Szenario im frühen Kosmos dennoch unter den meisten Wissenschaftlern anerkannt.

TEILCHENPHYSIK TRIFFT KOSMOLOGIE

Während das Wissen um das Universum als großes Ganzes seit den 1960er-Jahren nahezu inflationär expandierte, drang man unterdessen auch weiter in den subatomaren Mikrokosmos vor. Dabei bedingten diese beiden Entwicklungen einander, vor allem haben hier die Fortschritte in der Teilchenphysik unser modernes Verständnis von den ersten Momenten bis wenigen Minuten des Kosmos geprägt.

Abseits der uns im Alltag geläufigen Materie aus Atomen und Atomkernen war man bei Untersuchungen der durch die von kosmischer Strahlung erzeugten Höhenstrahlung auf eine andere Art von Teilchen gestoßen, die nicht in das bisherige Bild zum Aufbau der Materie zu passen schien. Sie waren nicht sehr langlebig und leichter als Neutronen oder Protonen, aber schwerer als die Elektronen, und so bezeichnete man diese merkwürdigen Teilchen als Mesonen (aus dem Griechischen für Meson: „das Mittlere“).

Den Weg zu unserem modernen Verständnis der Zusammensetzung der Materie ebneten unabhängig voneinander Murray Gell-Mann (1929–2019) und George Zweig Mitte der 1960er-Jahre. Neben den vertrauteren Protonen und Neutronen kannte man damals bereits viele weitere Hadronen – schwere Teilchen, von denen die beiden Theoretiker vermuteten, dass sie nicht unteilbar seien, sondern sich ihrerseits aus noch elementareren Strukturen zusammensetzten. In Experimenten zur Streuung an Protonen und Neutronen hatte sich angedeutet, dass sie zum einen, anders als das Elektron, eine Ausdehnung haben, aber auch eine innere Struktur besitzen. Schließlich ließ sich am amerikanischen Beschleuniger SLAC (Stanford Linear Accelerator Center) 1968 nachweisen, dass Protonen aus mehreren punktförmigen Objekten bestehen, die man zunächst als Partonen, also „Teilbestandteile", bezeichnete. Dazu schlugen Gell-Mann und Zweig als Elementarbausteine für die Hadronen und Mesonen sogenannte Quarks vor, die jeweils drittelzahlige elektrische Ladungen besitzen und punktförmig sein sollten.

Aus theoretischer Sicht speist sich das Standardmodell der Teilchenphysik aus sogenannten mathematischen Symmetrien heraus, die auf dem von der deutschen Mathematikerin und Begründerin der modernen Algebra Amalie Emmy Noether (1882–1935) eingeführten Theorem basieren (Noether-Theorem) und sich physikalisch als Erhaltungssätze bestimmter physikalischer Größen und Teilcheneigenschaften interpretieren lassen. Aus der klassischen Physik kennen wir unabhängig davon etwa die Energieerhaltung oder die Massenerhaltung, wobei letztere später mit in der Energiebilanz zu berücksichtigen ist, außerdem die Impuls- sowie die Drehimpulserhaltung. In der Quantenphysik lässt sich die Aufzählung mit der Erhaltung diverser Quantenzahlen beziehungsweise Teilcheneigenschaften fortsetzen, so gilt hier auch die Erhaltung der Ladung oder

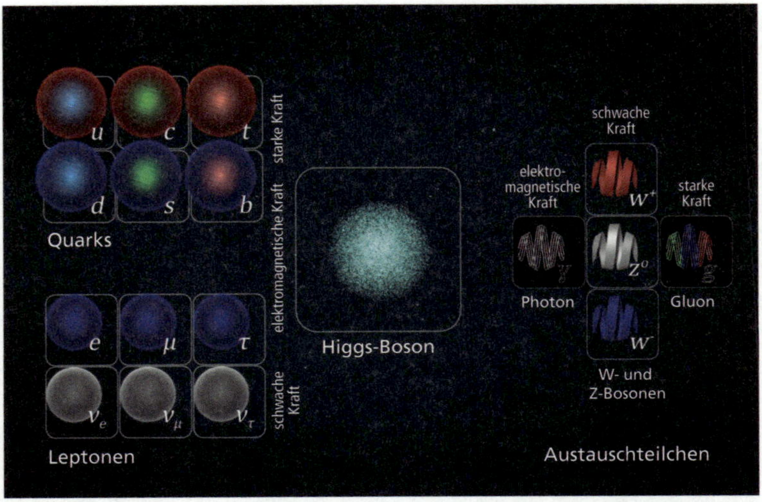

Elementarteilchen: Das Standardmodell der Teilchenphysik beschreibt alle uns bekannten Elementarteilchen sowie die zwischen ihnen wirkenden Grundkräfte. Unsere gewöhnliche Materie ist aus den zwei leichtesten Quarks (up und down) und den Elektronen zusammengesetzt.

die Erhaltung des Quantendrehimpulses sowie der Quarks- oder Leptonenzahl.

An Elementarteilchen umfasst das moderne Standardmodell der Teilchenphysik sechs Quarks mit drittelzahliger Ladung und sechs Leptonen, darunter das Elektron, das Myon und das Tauon mit jeweils negativer Elementarladung sowie drei dazugehörige elektrisch neutrale Neutrinos.

Quarks kommen stets im Verbund vor und finden sich unter Wirkung der starken Kraft immer dergestalt zusammen, dass die daraus resultierenden Hadronen stets ganzzahlige Ladungen tragen, das heißt Eins oder Null. Am bekanntesten sind Dreierkombinationen aus Quarks, darunter fallen die stabilen Protonen und die weniger stabilen Neutronen. Die in diesen Dreierverbünden nach außen hin überschüssige Restkraft der starken Wechselwirkung hält als Kernkraft

Teilchenfänger: Neutrinos sind schwer zu detektieren, da sie kaum mit Materie wechselwirken. Sie können aber wichtige Aufschlüsse über extrem energiereiche Prozesse im fernen Universum geben. Mit dem Experiment IceCube am Südpol gelingt es gelegentlich, diese flüchtigen Teilchen nachzuweisen.

die Kernbausteine der Atome zusammen. Die aus zwei Quarks bestehenden Mesonen enthalten jeweils ein Quark und ein Anti-Quark. Neben der starken Kraft unterliegen die Quarks und die aus ihnen resultierenden Produkte aufgrund ihrer elektrischen Ladung der elektromagnetischen Kraft. Diese wirkt auch auf den Ladung tragenden Teil der Leptonen. Alle Leptonen unterliegen der schwachen Kraft, die unter anderem für den Beta-Zerfall sorgt.

Die Neutrinos gehorchen einzig der schwachen Kraft. Wie schon ihr Name sagt, ist diese Wechselwirkung mit Abstand die schwächste unter den Grundkräften – abgesehen von der Gravitation. Das ist auch der Grund dafür, dass sich Neutrinos so unglaublich schwer in

Experimenten nachweisen lassen. Obwohl sie keine Ladung besitzen, spielen sie doch eine wichtige Rolle bei der Erforschung höchstenergetischer astrophysikalischer Prozesse im All, etwa bei weit entfernten Quasaren und Gammablitzen. Bei solchen Ereignissen entsteht eine Vielzahl an hochenergetischen Teilchen, die auch die Erde als kosmische Strahlung erreichen. Da die meisten von ihnen geladen sind, werden sie jedoch auf dem Weg zur Erde durch kosmische Magnetfelder abgelenkt und die Ursprungsquelle lässt sich nicht ausmachen. Die elektrisch neutralen Neutrinos dagegen werden nicht abgelenkt und durchdringen auch sonst Materie nahezu ungehindert. So können sie den Weg zu diesen kosmischen Quellen weisen, wenn es denn tatsächlich gelingt, sie zu detektieren (siehe Kapitel 4, S. 130).

DIE ERSTEN AUGENBLICKE

Was sich in den ersten Momenten, als das Universum zu existieren begann, abspielte, ist auch heute noch Spekulation. Sämtliche Versuche, Quantentheorie und Allgemeine Relativitätstheorie zu einer umfassenderen Quantengravitation zu vereinen, haben bisher zu keinem schlüssigen Ergebnis geführt.

Von der Planck-Ära, die bis 10^{-43} Sekunden und oberhalb von einer Temperatur von 10^{32} Kelvin angesetzt wird, bis in die Inflation hinein regierte nach aktueller Auffassung jene vereinigte Eichkraft aus starker, schwacher und elektromagnetischer Wechselwirkung im Sinne der Grand Unified Theory das Geschehen im Universum. Möglicherweise war auch die Gravitation mit den übrigen drei Grundkräften vereinigt. Falls dies der Fall gewesen sein sollte, wäre sie die erste Kraft, die sich von der zunächst weiterhin bestehenden vereinigten Grundkraft lossagte. Bevor sich die Teilchen manifestieren konnten, spielte sich das gesamte Geschehen im Universum in Form

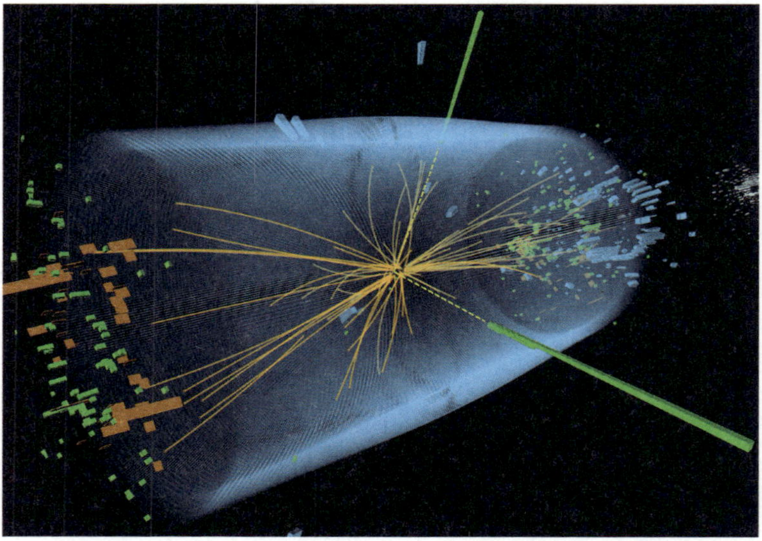

Spektakuläre Entdeckung: Nach dem Standardmodell der Teilchenphysik verleiht der Higgs-Mechanismus den Teilchen ihre Masse. Das damit assoziierte Higgs-Boson lässt sich indirekt anhand der Spuren seiner Zerfallsprodukte nachweisen (grafische Darstellung).

von Energie und (skalaren) Feldern ab, die bereits über jene Eigenschaften verfügten, die sich später den Teilchen zuordnen ließen.

Ihre Masse haben die Teilchen dem Higgs-Mechanismus zu verdanken, dessen Mittlerteilchen – das Higgs-Boson – im Jahr 2022 das zehnjährige Jubiläum seiner Entdeckung am Large Hadron Collider feierte. Den Mechanismus hatten in den 1960er- und 1970er-Jahren der schottische Physiker Peter Higgs und der belgische Theoretiker François Englert vorgeschlagen. Demnach existiert ein grundlegendes Higgs-Feld, aus dem die Teilchen, wenn diese mit ihm wechselwirken, ihre Masse beziehen. Dieser Prozess findet nur unter enorm hohen Energiedichten statt, wie sie im frühen Universum herrschten.

Der Weg vom Zustand der Grand Unified Theory hin zu den Grundkräften und Mechanismen, die auch heute die Physik im Universum bestimmen, verlief in mehreren Etappen. Diese kann man sich ein wenig wie die Phasenübergänge etwa von Wasserdampf zu flüssigem Wasser und schließlich zu Eis vorstellen. Bei den dafür charakteristischen Temperaturschwellen separierten sich die einzelnen Kräfte von der anfänglichen Eichkraft, außerdem entstanden die verschiedenen Teilchenarten und erhielten ihre Massen.

Je nach Modell begannen einige dieser Mechanismen noch während oder unmittelbar nach der Inflationsphase zu greifen, als sich das Universum innerhalb von etwa 10^{-32} Sekunden um 26 Größenordnungen ausgedehnt hatte und die Temperatur von 10^{28} auf 10^{22} Kelvin gefallen war. Damit hatten sich die Bedingungen dafür eingestellt, dass sich die stärkste der drei Grundkräfte – die starke Kraft – von den noch weiterhin als elektroschwache Wechselwirkung vereinten übrigen Grundkräften separierte. Die ersten Teilchen, die Neutrinos, entstehen.

Ab 10^{-12} Sekunden und einer Temperatur von 10^{15} Kelvin trennen sich schwache und elektromagnetische Kraft und es entstehen die Photonen, die von da an letztere durch das Universum tragen. Und nun treten auch die Quarks und ihre Antiteilchen auf den Plan, die gemeinsam mit den Mittlerteilchen der starken Kraft, den Gluonen, einen Mischzustand bilden. Die starke Kraft besitzt die erstaunliche Eigenschaft, dass sie mit dem Abstand zunimmt. Deshalb kommen Quarks unter den heutigen Bedingungen im Universum stets in gebundenen Systemen und niemals als freie Teilchen vor. Allein während dieser Quark-Ära nach der Inflation war die Energiedichte noch so hoch, dass Quarks und Anti-Quarks in einem sogenannten Quark-Gluonen-Plasma quasi frei herum waberten. Dass ein derartiger Zustand tatsächlich existieren kann, haben Experimente am Large Hadron Collider des CERN gezeigt.

Als die Temperatur 10^{-5} Sekunden nach dem Beginn auf 10^{12} Kelvin gesunken war, zwang die starke Kraft die Quarks, sich

Die Evolution des Universums: Diese künstlerische Darstellung zeigt die Entwicklung des Universums vom Urknall bis heute: Die Phase der Inflation mit der Entstehung von primordialen Gravitationswellen, die strahlungsdominierte Ära, den kosmischen Mikrowellenhintergrund, die ersten Sterne und Galaxien, und schließlich die Galaxien, wie wir sie heute sehen.

aneinander zu binden. So bildeten sich die Hadronen, die sich aus drei oder mehr Quarks und Anti-Quarks zusammensetzen. Darunter waren auch die Protonen und Neutronen sowie deren Partner aus der Antiteilchen-Welt. Als nach 10^{-4} Sekunden bei nun 10^{11} Kelvin und darunter keine neuen Materie-Antimaterie-Paare zu Protonen oder Neutronen mehr entstehen konnten, zerstrahlten die meisten Protonen und Neutronen durch Stöße mit ihren Antiteilchen. Dank eines winzigen Ungleichgewichts an Materie gegenüber Antimaterie (sogenannte Baryonenasymmetrie von einem Milliardstel), dessen genaue Ursache nach wie vor ungeklärt ist, konnte ein Teil an Protonen und Neutronen fortbestehen.

Nach einer Sekunde begannen Elektronen und Positronen sich zu vernichten, wobei ebenfalls ein minimaler Rest an Elektronen übrigblieb. Nun entwichen auch die Neutrinos, die bis dahin mit der baryonischen Materie wechselwirken konnten.

Nach etwa zehn Sekunden, bei 10^9 bis 10^7 Kelvin, waren endlich die Bedingungen für die Kernfusion gegeben, sodass sich Protonen und Neutronen zu Deuterium zusammenfanden und sich Kerne des schweren Wasserstoffs weiter zu Heliumkernen paarten. Kritisch für das Fortschreiten der Kernfusion war hier, wie Temperatur und Dichte aufeinander abgestimmt waren. Denn die Kernbindung von Proton und Neutron im Deuterium ist relativ gering, und so wurde ein Teil des Deuteriums rasch wieder durch die energiereichen Photonen zerstört, bevor er zu Helium fusionieren konnte. Nach wenigen Minuten waren Temperatur und Dichte so weit abgefallen, dass sich kein Deuterium mehr nachbilden konnte und die primordiale Nukleosynthese kam zum Erliegen. Nach einer Viertelstunde waren auch die restlichen Neutronen zerfallen. So entstanden in den ersten drei Minuten etwa 25 Prozent Helium, 0,001 Prozent Deuterium und geringe Spuren von Lithium und Beryllium.

KAPITEL 3

VON DER QUANTENFLUKTUATION ZUM KOSMISCHEN NETZ

Ein Babyfoto des Universums und Dunkle Materie als Zutat für kosmische Strukturbildung

Der junge Kosmos: Irgendwann sind aus dem Wasserstoff im frühen Universum die ersten Sterne und Galaxien entstanden. Diese Aufnahme mit dem MUSE-Spektrografen am Very Large Telescope der ESO zeigt das Leuchten des übrig gebliebenen Wasserstoffs in der Umgebung ferner Galaxien im Licht der Lyman-Alpha-Linie.

Seit sich kurz nach dem Urknall die ersten Elemente gebildet hatten, geschah für fast 400.000 Jahre nichts Aufsehenerregendes. Das Universum dehnte sich weiter aus, und damit sank auch seine Temperatur. Doch immer noch war es so heiß und dicht, dass Elektronen und Protonen (sowie Heliumkerne) nicht zu neutralen Atomen zusammenfinden konnten und die Strahlung dominierte. Sobald sich ein Elektron einem Proton näherte und sich an dieses vielleicht hätte binden können, wurde es von einem energiereichen Photon wieder fortgerissen. Und auch sonst hatte die Strahlung keinen freien Lauf. Die Elektronen, die wegen ihrer viel geringeren Masse wesentlich schneller waren als die Protonen, kamen den Photonen ständig in die Quere, sodass diese fortlaufend an den Elektronen gestreut wurden. In diesem Zustand durchdrangen auch Schallwellen die Urmaterie.

Die entscheidende Wende trat nach 380.000 Jahren ein, als sich das Universum auf etwa 3000 Kelvin abgekühlt hatte: Nun fingen die Protonen und übrigen Kerne die Elektronen ein und bildeten neutrale Wasserstoff- und Heliumatome sowie in Spuren die Atome der weiteren Elemente (Rekombination).

Von da an waren den Photonen keine Elektronen mehr im Weg, sie konnten ungehindert durch den Raum strömen. Diese damals entfesselte Strahlung durchdringt noch heute das Universum als eben jene kosmische Hintergrundstrahlung, die Gamow vorhersagte und Penzias und Wilson zufällig entdeckten. Da sich das Universum seither immer weiter ausgedehnt hat, liegt ihre Temperatur heute allerdings etwas unterhalb von drei Kelvin.

Sie ist das beste und vor allem früheste Relikt aus der Anfangszeit des Universums, das uns zur Erforschung des Urknalls und der darauffolgenden Entwicklungsphase des Kosmos zur Verfügung steht. Doch erst mit satellitengestützten Weltraumobservatorien ließen sich dem kosmischen Mikrowellenhintergrund all die Informationen über das junge Universum entlocken, auf denen unser aktuelles kosmologisches Modell aufbaut. 1989 startete die NASA den unter der Ägide von John Mather und George Smoot entwickelten Cosmic Background Explorer (COBE), die auch die Mission leiteten. Von seiner Umlaufbahn aus hatte COBE nun den gesamten Himmel im Blick, und im Orbit störte auch nicht die Atmosphäre. Drei Jahre nach Start der Mission – 1992 – lieferte COBE die ersten Ergebnisse: Die Kurve der Hintergrundstrahlung glich nahezu perfekt derjenigen eines Schwarzen Strahlers bei 2,725 Kelvin.

NACHHALL DES URKNALLS

Außerdem traten in den COBE-Messungen gleichmäßig über den Himmel verteilt Temperaturschwankungen zutage, die von der Dichteverteilung der Materie zur Zeit der Rekombination herrührten. Wie für Modelle mit Dunkler Materie vorhergesagt, waren sie um einen Faktor zehn bis 1000 geringer als ohne diese bis heute unbekannte Substanz. Daher hatten sie sich auch zuvor mit den weniger empfindlichen bodengebundenen oder Ballon- und Raketenexperimenten nicht messen lassen. Doch mit der Dunklen Materie als Extrazutat bildeten diese auch noch so winzigen Dichtefluktuationen die Keimzellen für die späteren Galaxien und Galaxienhaufen (siehe S. 104). Diese Beobachtungen brachten Mather und Smoot den Physik-Nobelpreis 2006 ein.

Inzwischen haben zwei weitere Weltraumobservatorien den kosmischen Mikrowellenhintergrund noch einmal wesentlich genauer kartiert. Der NASA-Satellit WMAP (Wilkinson Microwave Anisotropy Probe) untersuchte ihn während seiner Mission von 2001 bis 2010 mit einer Winkelauflösung von weniger als 0,3 Grad

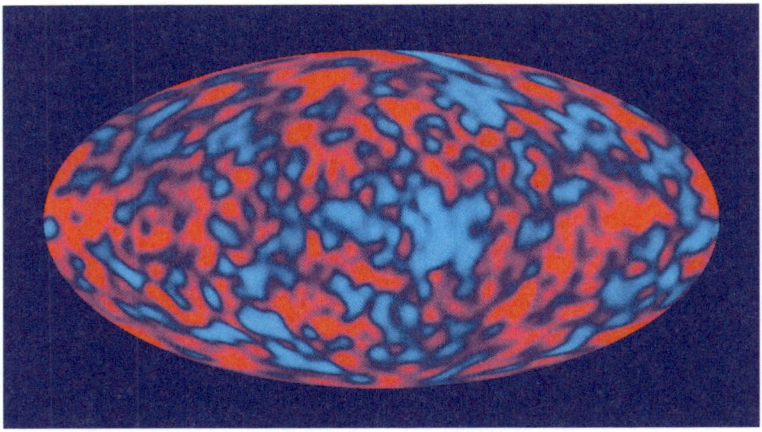

Nachglühen des Urknalls: Mit dem Cosmic Background Explorer COBE der NASA untersuchte erstmals ein Satellit den kosmischen Mikrowellenhintergrund über die gesamte Himmelssphäre und frei von atmosphärischen Störungen. Die Mission entdeckte die erwarteten Temperaturschwankungen.

(siehe Abb. Seite 65). Dabei konnte er Fluktuationen auf noch viel kleineren Skalen messen als COBE, der nur über eine Winkelauflösung von sieben Grad verfügte, und beispielsweise auch den Sachs-Wolfe-Effekt nachweisen. Außerdem schienen bestimmte Eigenschaften der Temperaturfluktuationen, die WMAP fand, die Inflationshypothese zu stützen.

Die detailliertesten Beobachtungen lieferte schließlich der Planck-Satellit der ESA, der von 2009 bis 2013 bei einer Auflösung von 0,07 Grad den frühen Kosmos abscannte und im Wesentlichen die Ergebnisse der US-amerikanischen Vorgängermission WMAP bestätigte.

Aus den Messungen beider Satelliten fügt sich uns das präziseste Bild des Universums zusammen, das wir jemals hatten. Demnach begann das Universum vor 13,77 Milliarden Jahren mit dem Urknall, durchlief zu Beginn eine kurze Phase extrem beschleunigter

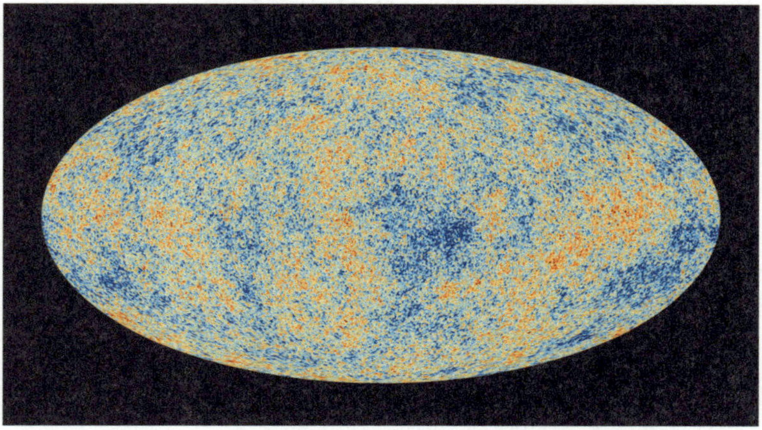

Kosmischer Pointillismus: Die genaueste Karte des kosmischen Mikrowellenhintergrunds hat der ESA-Satellit Planck erstellt. Darin treten Temperaturschwankungen auf noch kleineren Skalen hervor (rot = wärmer, blau = kühler). Sie geben die Dichteverteilung 380.000 Jahre nach dem Urknall wieder.

Expansion – die Inflation – und ist flach im Euklidischen Sinne, das heißt, es lässt sich durch die uns bekannte Raumgeometrie beschreiben. Darüber hinaus besteht es zu 31,5 Prozent aus Materie, wobei nur 4,9 Prozent der gewöhnlichen oder baryonischen Materie zuzuschreiben sind, wie wir sie in Sternen und Galaxien leuchten sehen; die übrigen 26,6 Prozent stellt die Dunkle Materie, die mit gewöhnlicher Materie allein über die Schwerkraft in Wechselwirkung tritt. Den größten Anteil macht mit 68,5 Prozent die Dunkle Energie aus. Ihre Natur ist noch völlig ungewiss, doch man geht davon aus, dass sie das Universum seit einiger Zeit beschleunigt expandieren lässt (siehe Kapitel 8, S. 250). Aus den Daten des Planck-Satelliten ergibt sich außerdem in Verbindung mit dem kosmologischen Modell auch die Hubble-Konstante und damit die heutige Ausdehnungsrate des Universums von 67,4 Kilometern pro Sekunde und Megaparsec.

AUF DER SUCHE NACH DER INFLATION

Neben den Satellitenobservatorien nehmen Forscher den kosmischen Mikrowellenhintergrund schon länger mit speziellen Teleskopen auch vom Südpol aus ins Visier. Der harsche Standort ist einer der wenigen Flecken auf der Erde, an dem sich selbst im Mikrowellenbereich nahezu frei von atmosphärischen Störungen beobachten lässt. Die Luftfeuchtigkeit liegt dort bei unter einem Prozent, und so ist die Atmosphäre dort nahezu frei von dem bei diesen Frequenzen sonst so störenden Wasserdampf. Mit dem BICEP- sowie dem SPUD/Keck-Teleskop auf der Amundsen-Scott-Southpole-Station suchen die Astronomen nach ganz speziellen Signaturen in der kosmischen Hintergrundstrahlung, die die Inflation darin hinterlassen haben sollte.

Einigen Inflationsmodellen zufolge entstehen in dieser frühen Phase des Universums Gravitationswellen. Zwar wären diese Erschütterungen der Raumzeit von damals viel zu schwach, um sie direkt zu messen. Allerdings sollten sie der kosmischen Hintergrundstrahlung ihre Signatur mit einem charakteristischen Muster in der Polarisation aufgeprägt haben.

Diese Fingerabdrücke der primordialen Gravitationswellen in der kosmischen Hintergrundstrahlung sind nicht leicht zu unterscheiden von ganz ähnlichen Mustern in der Polarisation, die Staub aus der Milchstraße darin hervorruft. Vor allem wäre jenes Muster der Polarisation durch primordiale Gravitationswellen ausgesprochen schwach, wobei die Intensität je nach Inflationsmodell variiert. Daher blicken die Teleskope am Südpol in ein Himmelsareal abseits der Milchstraße, in dem es ansonsten nichts zu sehen gibt und das weitgehend frei von Staub ist, das sogenannte Southern Hole.

2014 machten Messungen der BICEP-Kollaboration Schlagzeilen: In einer internationalen Pressekonferenz gaben die Wissenschaftler Ergebnisse bekannt, die sehr auf die primordialen Gravitationswellen

Astronomie am Südpol: Mit dem BICEP2-Teleskop (links) suchen Forscher direkt am Südpol in der kosmischen Hintergrundstrahlung nach den Signaturen primordialer Gravitationswellen, die durch die Inflation ausgelöst worden sein sollten. Trotz einer vermeintlichen Entdeckung 2014 war die Suche bisher erfolglos.

hinzudeuten schienen. In den Medien sprach man gar von ihrer Entdeckung als Nachweis für die Inflation. Dass die BICEP-Kollaboration damals etwas voreilig handelte, stellte sich nur wenige Monate später heraus. Noch abseits der Öffentlichkeit hatten die Forscher der Planck-Kollaboration ihre umfassenderen Polarisationsdaten ausgewertet. Daraufhin zerfiel das Ergebnis der BICEP-Kollaboration im wahrsten Sinne des Wortes zu Staub. Die beobachteten Signaturen in der Polarisation der kosmischen Hintergrundstrahlung stammten tatsächlich von Staub in der Milchstraße. Doch auch aus einer Nicht-Detektion können die Forscher ihre Schlüsse ziehen. So können sie beispielsweise eine Obergrenze für die mögliche Stärke des Signals angeben und auf diese Weise die Modelle für primordiale Gravitationswellen während der inflationären Phase des Universums eingrenzen (siehe Kapitel 9, S. 280).

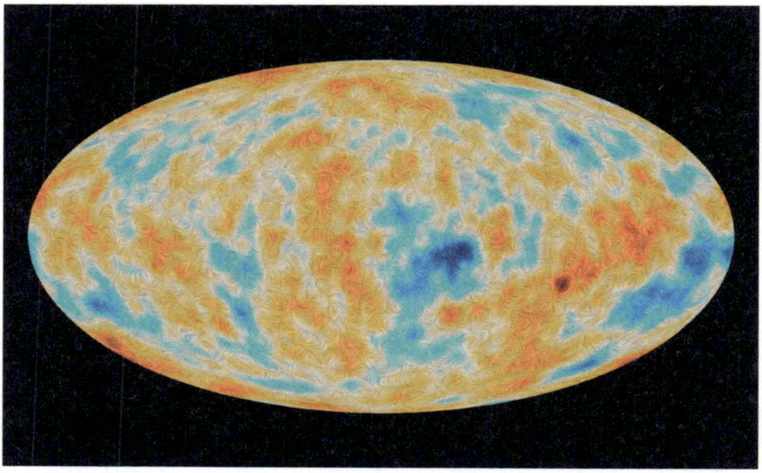

Nichts als Staub? Der Planck-Satellit hat auch die Polarisation der kosmischen Hintergrundstrahlung umfassend vermessen. Einen großen Anteil daran hat Staub im Vordergrund aus unserer eigenen Galaxis. Ein gewisser Anteil stammt jedoch direkt aus der Zeit der Rekombination. Die Signaturen der primordialen Gravitationswellen wurden bisher allerdings nicht gefunden.

Künftig dürfte noch eine völlig andere, direktere Messmethode zur Suche nach primordialen Gravitationswellen beitragen. In sogenannten Pulsar Timing Arrays, Netzwerken aus Pulsaren, fungieren Neutronensterne mit ihren zeitlich hochpräzisen Pulsen als Detektoren dieser Schwingungen der Raumzeit. Im Jahr 2023 veröffentlichte Messergebnisse verschiedener internationaler Kollaborationen wie dem EPTA (European Pulsar Timing Array) oder dem NANOgrav (North American Nanohertz Observatory for Gravitational Waves) lieferten bereits erste Hinweise auf einen möglichen Gravitationswellenhintergrund. Nun hoffen die Wissenschaftler, dass sich ihre Funde in weiteren Messungen erhärten und auch Erkenntnisse darüber, ob dieser Gravitationswellenhintergrund vom Ursprung des Universums herrührt oder von astrophysikalischen Quellen stammt (siehe auch Kapitel 9, S. 290).

STRUKTURWANDEL

Die Strukturen im heutigen Universum begann man in den 1980er-Jahren über größere Distanzen näher zu erforschen. Lange war man davon ausgegangen, dass sich Galaxien schlicht zu Haufen und diese wiederum zu noch höher-hierarchischen Strukturen – sogenannten Superhaufen – zusammenfanden. Diese galten als die größtmöglichen Strukturen überhaupt. In den Haufen schienen die Galaxien ihrerseits weitgehend homogen verteilt. Mit neuen Beobachtungsmöglichkeiten, die zugleich flächendeckend waren, aber auch die Rotverschiebung und damit die Tiefe der kosmischen Strukturen mit einbezogen, begann sich das Bild zu ändern. So kamen die neuen Funde über eine eher netzartige Struktur der Materie durchaus überraschend.

Valérie de Lapparent, Margaret Geller und John Huchra (1948–2010) stießen in einer 1986 veröffentlichten Himmelsdurchmusterung von 1100 Galaxien des Coma-Haufens auf neuartige Strukturen, in denen sich die Galaxien entlang dünner Schichten um blasenartige Leerräume ansammeln. Diese materiefreien Blasen erstrecken sich jeweils über rund 80 Millionen Lichtjahre, die größte davon misst sogar das Doppelte.

Wenige Jahre später entdeckten Geller und Huchra eine noch umfassendere Struktur, die sogenannte Great Wall, die Große Mauer: Sie misst etwa 500 Millionen mal 200 Millionen Lichtjahre in der „Fläche“, ist aber nur etwa 15 Millionen Lichtjahre dick. Heute kennen wir ähnliche, noch wesentlich weitläufigere Strukturen, die sich außerdem mit modernen Computersimulationen erstaunlich realitätsgetreu nachbauen lassen. Doch mit allem, was man damals zur Strukturbildung des Universums wusste, ließ sich diese außergewöhnliche Anordnung von Galaxien noch nicht erklären.

Struktur im Coma-Haufen: Wissenschaftler um Valérie de Lapparent entdeckten 1986, dass die Galaxien des Coma-Haufens eine netzartige Struktur bilden.

In den 1980er-Jahren hatte man schon erkannt, dass eine zusätzliche Substanz, die sogenannte Dunkle Materie, wesentlich dazu beigetragen haben musste, dass sich aus den winzigen Dichtefluktuationen in der Urmaterie später Galaxien und Galaxienhaufen bilden konnten. Es sollte sich herausstellen, dass einige wenige, aber charakteristische Eigenschaften dieser Dunklen Materie für die Strukturbildung des Universums entscheidend waren.

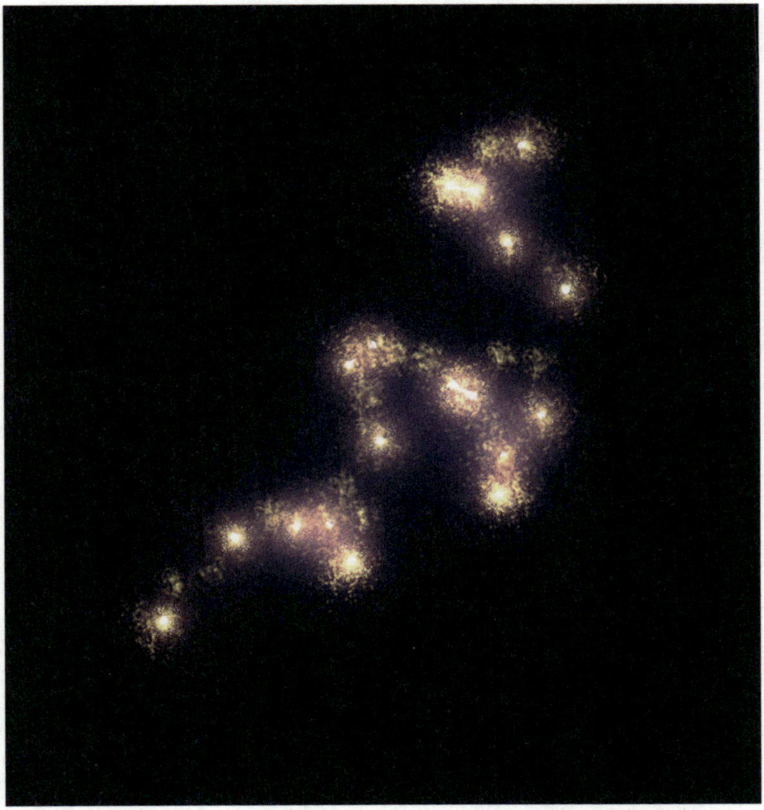

„Große Mauer": In der Region Hercules/Corona Borealis haben sich Superhaufen von Galaxien zu Filamenten in der Großen Wand (Great Wall) zusammengefunden. Die großräumige Struktur misst 10 mal 7,2 Milliarden Lichtjahre.

DUNKLE MATERIE

Die Idee eines Grundkonzepts von Materie, die sich zwar durch die Wirkung der Schwerkraft bemerkbar macht, aber unsichtbar ist, reicht weit zurück. Der britische Physiker William Thomson (1824–1907), bekannter als Lord Kelvin, dem wir die thermodynamische Temperaturskala verdanken, untersuchte Ende des 19. Jahrhunderts

Bewegung von Kugelsternhaufen: Kugelsternhaufen wie hier NGC 6388 umlaufen das Zentrum der Milchstraße senkrecht zur Scheibenebene. An ihren Umlaufgeschwindigkeiten zeigt sich, dass es neben der sichtbaren Materie in der Galaxis noch eine weitere Komponente geben muss, die über die Schwerkraft wirkt.

auch die Geschwindigkeitsverteilung der Sterne im Zentrum der Milchstraße. Es zeigte sich, dass die Masse, die die Sterne in ihren Bewegungen beeinflusste, größer sein musste als der Anteil an in Form von Sternen sichtbarer Materie.

Der französische Mathematiker, Physiker und Astronom Henri Poincaré (1854–1912) griff die Idee einer sogenannten Dunklen Materie (franz.: matière obscure) zwar auf, hegte aber Zweifel an

Kelvins Ergebnissen, da diese noch innerhalb der Ungenauigkeit des Teleskops lagen. Woraus eine solche Dunkle Materie bestehen könnte – sollte es sie tatsächlich geben – ließ aber auch Poincaré im Ungewissen.

Schon ein wenig fundierter waren die Messungen, die Jan Hendrik Oort (1900–1992) um 1932 zu Dichte und Geschwindigkeitsverteilung von Sternen durchführte, die sich senkrecht zur Scheibenebene der Milchstraße bewegten. Diese ließen auch ihn auf eine Massendichte schließen, die höher war, als es die sichtbare Materie vermuten ließ.

Weiter in die Ferne blickte fast zeitgleich der Schweizer Astronom Fritz Zwicky (1898–1974), als er die Galaxien des Coma-Haufens untersuchte. Die Mitglieder dieses Galaxienhaufens bewegten sich eigentlich zu schnell, als dass die in der Galaxienansammlung enthaltene (sichtbare) Materie allein durch ihre eigene Gravitation

Dunkle Materie im Coma-Haufen? Der Galaxienhaufen im Sternbild „Haar der Berenike" liegt in einer Entfernung von 300 Millionen Lichtjahren und umfasst mehr als 1000 Galaxien. Schon dem Schweizer Astronomen Fritz Zwicky fiel auf, dass sich die Galaxien darin eigentlich zu schnell bewegten, um von der Schwerkraft der im Haufen sichtbaren Materie zusammengehalten werden zu können.

hätte zusammengehalten werden können. Seinen Berechnungen zufolge müsste der Coma-Haufen 400-mal mehr Materie enthalten, als sie in Form von Sternen zu sehen war, und er stellte fest: Dunkle Materie müsste in größerem Maße vorhanden sein als leuchtende.

Als am aufschlussreichsten bei der Indiziensuche nach Dunkler Materie stellte sich mit der Zeit aber eine andere Methode heraus. Ebenfalls zu Beginn des 20. Jahrhunderts untersuchten Vesto Slipher in den USA und Max Wolf in Heidelberg unabhängig voneinander die Rotationsgeschwindigkeiten von Sternen in der Milchstraße und der Andromeda-Galaxie spektroskopisch. Dabei zeigte sich, dass diese mit zunehmendem Abstand der Sterne vom Zentrum der jeweiligen Galaxie nicht langsamer wurde, wie es zu erwarten gewesen wäre: Die sichtbare, leuchtende Materie konzentriert sich in der Milchstraße ebenso wie in der Andromeda-Galaxie (und eigentlich allen anderen Galaxien auch) im hellen Zentrum, nach außen nimmt die Sterndichte ab. Und so sollte nach dem 3. Keplerschen Gesetz auch die Rotationsgeschwindigkeit nach außen hin abnehmen. Doch erstaunlicherweise schienen die Sterne über einen weiten Bereich bis in den Rand hinaus die Galaxie nahezu gleich schnell umzulaufen. Die Geschwindigkeitskurven ließen sich nur erklären, wenn die Galaxien in einen Halo nicht-leuchtender, also dunkler Materie eingehüllt wären. Auch andere Galaxien wiesen ähnliche Rotationskurven auf.

Viele Astronomen standen dieser Vorstellung jedoch lange skeptisch gegenüber. Dabei beschränkten sich die Spekulationen darüber, woraus diese unseren Blicken verborgene Materie bestehen könnte, zunächst auf recht bodenständige Erklärungen. Es schien jegliche Form der Materie, die nicht selbst als Sterne oder in Galaxien (beziehungsweise deren Zentren) leuchtete, in Frage zu kommen. Dazu zählten etwa kosmischer Staub, Planeten, Kometen, Asteroiden oder als weitere, exotischere Möglichkeit auch Schwarze Löcher.

Einige versuchten, die auffälligen Rotationskurven damit zu erklären, dass die Sterne in den Außenregionen der Galaxis durch Gaswolken „mitgerissen" würden. Mit dem Aufkommen der Radioastronomie in den 1950er-Jahren ließ sich schließlich die Verteilung und ebenso die Bewegung von Wasserstoffwolken in der Milchstraße anhand der 21-Zentimeter-Linie gut verfolgen. Es zeigte sich, dass die Gaswolken eine ähnlich Rotationskurve wie die Sterne aufwiesen. Damit war die Hypothese, das interstellare Material in der galaktischen Scheibe könnte die Sterne mitschleifen, widerlegt.

Im Lauf der Jahrzehnte verbesserten sich die Beobachtungsmethoden. Einen ganz wesentlichen Anteil an dieser Entwicklung hatte die amerikanische Astronomin Vera Rubin (1928–2016) gemeinsam mit ihrem Kollegen Kent Ford. Sie hatten einen neuen, speziell auf

Vera Rubin: Die Astronomin erbrachte mit der Untersuchung von Rotationskurven von Spiralgalaxien den Nachweis für Dunkle Materie.

die Bestimmung von Rotationsgeschwindigkeiten ausgerichteten Spektrografen entwickelt und untersuchten damit seit den 1960er-Jahren die Rotationsgeschwindigkeiten von Sternen in der Milchstraße und anderen Galaxien in verschiedenen Entfernungen vom galaktischen Zentrum. Dabei manifestierten sich die früher vermuteten Befunde: Die aus den Messungen resultierenden Rotationskurven ließen sich nicht mit den Keplerschen Gesetzen vereinbaren, soweit man als gravitativ wirksame Masse ausschließlich die sichtbare Materie berücksichtigte. Die Rotationsgeschwindigkeiten blieben über eine größere Distanz nahezu konstant, erst in den Außenregionen einer Galaxie nahmen sie merklich ab.

Besonders eklatant trat dieses Phänomen in der Galaxie NGC 3067 zutage. Hier untersuchten Rubin und ihre Kollegen die Bewegungen von Wasserstoffgas in den fernen Außenregionen der Galaxie. Selbst in einem Abstand von 120.000 Lichtjahren vom Zentrum waren die Rotationsgeschwindigkeiten noch hoch, obwohl die sich in Form von Sternen sichtbare Materie ab etwa 9000 Lichtjahren ausdünnte. Das Gas so weit im Abseits der meisten Sterne ließ sich nur beobachten, da es von einem Hintergrundquasar angeleuchtet wurde. In unserer eigenen Galaxis ergab sich aus Messungen der Bewegungen von Kugelsternhaufen, die sich ebenfalls in den Außenregionen der Galaxis aufhalten, ein ähnliches Bild.

Darüber hinaus stellten Rubin und ihre Kollegen fest, dass sich die Rotationskurven auch unabhängig von der Größe der Galaxien auf erstaunliche Weise ähneln. Ihre Schlussfolgerung: Es musste noch irgendeine Form gravitativ wirksamer Materie existieren, die über den sichtbaren Bereich der Galaxie hinausreichte.

Vor allem erschienen die Auswirkungen der Dunklen Materie nun derart auffällig, dass Staub, Planeten oder Kometenmaterial als Erklärung nicht mehr infrage kamen. Es musste sich um eine Substanz handeln, die von völlig anderer Natur war, als die gewöhnliche soge-

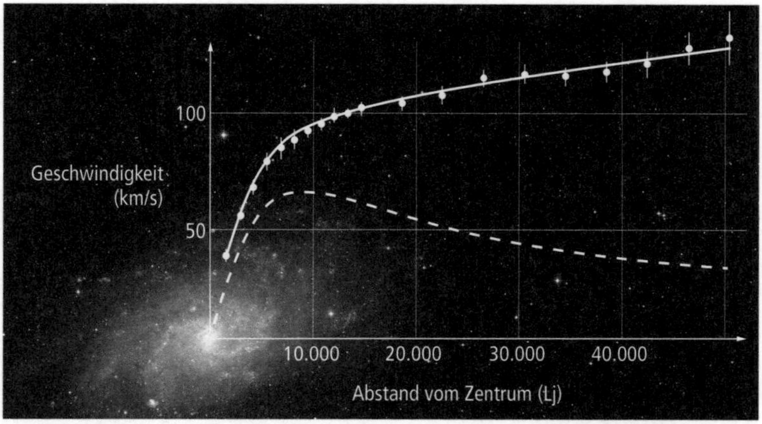

Rotationskurve: Die Rotationsgeschwindigkeit von Sternen in Spiralgalaxien nimmt wider Erwarten mit zunehmendem Abstand vom Zentrum nicht ab. Es muss also auch außerhalb der in Form von Sternen sichtbaren Materie noch eine weitere Substanz vorhanden sein, die die Galaxie mit ihrer Gravitation zusammenhält.

nannte baryonische, wenn auch nicht leuchtende Materie. Ihr einziges Merkmal war, dass sie über die Gravitation mit der uns bekannten – sei es leuchtenden oder nicht-leuchtenden gewöhnlichen – Materie in Wechselwirkung tritt, sich in ihren übrigen physikalischen Eigenschaften aber grundlegend von dieser unterscheidet. Andernfalls wäre unser Verständnis der Gravitationsgesetze von Grund auf falsch. Das veranlasste manche Theoretiker dazu, über alternative Theorien der Schwerkraft nachzudenken, am bekanntesten darunter ist die sogenannte Modified-Newtonian-Dynamics-Theorie (MOND).

Heute kennt die Astrophysik zahlreiche weitere Beispiele, die die Präsenz Dunkler Materie nahelegen. So wirken ferne Galaxienhaufen mit ihrer Masse als Gravitationslinse auf das Licht dahinter liegender, noch weiter entfernter Objekte. Die Geometrie der dadurch verzerrten Abbilder von Galaxien oder Quasaren im Hintergrund gibt den tatsächlichen Massengehalt des als Gravitationslinse wirksamen

Einsteinring: Die elliptische Galaxie NGC 6505 dient für das Licht einer weit dahinter liegenden Galaxie als Gravitationslinse. Deren Abbild (Ausschnitt) erscheint als nahezu perfekter Ring – dieses Phänomen ist auch als Einsteinring bekannt. Wirksam für den Gravitationslinseneffekt ist nicht nur die sichtbare Materie von NGC 6505, sondern auch die in ihr enthaltene Dunkle Materie.

Galaxienhaufens preis, und dieser ist in vielen Fällen wesentlich größer als nur die Masse der als Galaxien sichtbaren Materie.

Darüber hinaus gibt es eine ganze Reihe weiterer Indizien, die für die Existenz Dunkler Materie in Galaxienhaufen sprechen. Die Mitglieder solcher Cluster beeinflussen sich in ihrer Schwerkraft immer auch untereinander. Kommen sich zwei Galaxien nahe genug, zerren an ihnen Gezeitenkräfte und sie verändern ihre Struktur. Dabei kommen den jeweiligen Galaxien immer wieder Sterne abhanden, die dann nicht mehr direkt an die Schwerkraft einer der beiden Galaxien gebunden sind. Doch sie folgen immer noch dem Gravitationspotenzial des Galaxienhaufens als Ganzem, und dieses wird ganz wesentlich durch die in dem Haufen enthaltene Dunkle Materie mitbestimmt. Auf diese Weise lassen sich diese Sterne indirekt zur Spurensicherung Dunkler Materie verwenden. Zwar sind diese Sterne über die großen Distanzen nicht direkt im Einzelnen beobachtbar, doch in ihrer Gesamtheit sollten sie in einem Galaxienhaufen ein Hintergrundglühen (Glow) hervorrufen. So ließe sich aus der Vertei-

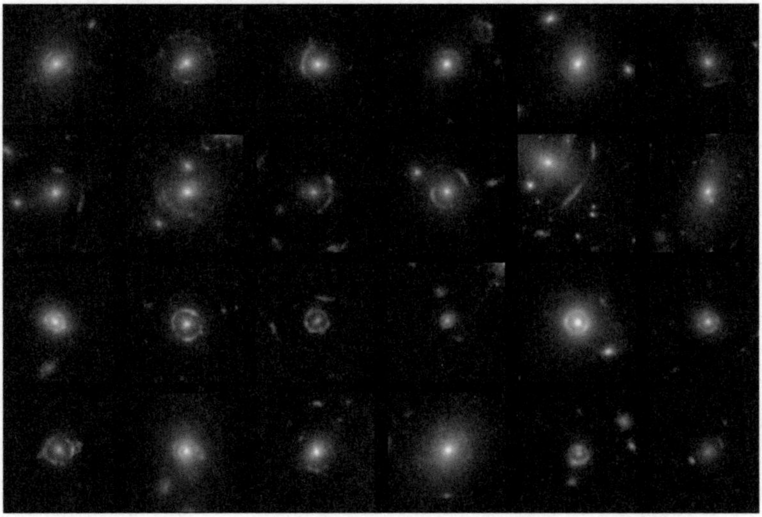

Kosmischer Ringelreihen: Das Weltraumteleskop Euclid hat in einer seiner ersten Aufnahmen von Deep Fields zahlreiche neue Einsteinringe entdeckt. Galaxien im Vordergrund wirken zusammen mit ihrem Halo aus Dunkler Materie als starke Gravitationslinsen für das Licht dahinter liegender Objekte und verzerren deren Abbilder. Die hier gezeigten Gravitationslinsen wurden anhand von KI-Modellen und unter Beteiligung von Citizen Science ausfindig gemacht. Der aktuelle Katalog umfasst rund 500 solcher Objekte; bis zum Ende der Euclid-Mission rechnen die Forscher mit rund 100.000 dieser starken Gravitationslinseneffekte.

Sternenraub: Wenn sich zwei Galaxien zu nahe kommen, wie hier das Galaxienpaar NGC 4676, entreißen sie sich gegenseitig Sterne. Oft bilden sich dann zwischen den beiden Objekten Sternenbrücken heraus.

lung dieses Glühens in und um den Haufen herum die Verteilung von Dunkler Materie kartieren. Nach diesem Glow haben Astronomen mit einem speziellen Programm des Hubble Space Telescope, dem Hubble Frontier Fields, gesucht – und es im Galaxienhaufen MACS J0416.1-2403 auch gefunden.

Tatsächlich ist aber auch sonst ein Großteil der gewöhnlichen Materie unsichtbar, solange man nur im Optischen beobachtet, etwa der atomare Wasserstoff, der sich weitläufig über ganze Galaxienhaufen verteilt. Durch Stöße der Atome untereinander heizt sich das Gas auf und wird so erst im Röntgenlicht sichtbar.

Wie die Dunkle Materie und das intergalaktische Gas in Galaxienhaufen verteilt sind, hat ein internationales Forscherteam um Sangjun Cha und James Jee von der Yonsei University in Südkorea anhand des Bullet Clusters untersucht. In Aufnahmen des James Webb Space Telescope des Doppel-Galaxienhaufens finden sich zahlreiche Abbil-

Blasser Schimmer: Der Galaxienhaufen MACS J0416.1-2403 ist von einem schwachen Leuchten umgeben. Es stammt von einzelnen Sternen, die sich die Galaxien gegenseitig durch Gezeitenkräfte entrissen haben und die sich nun zwischen den Galaxien im Schwerefeld der Dunklen Materie bewegen.

der von weit dahinter liegenden Galaxien, die durch den Gravitationslinseneffekt verzerrt sind. So konnten die Wissenschaftler die Verteilung von Dunkler Materie im Bullet Cluster genauer als je zuvor abschätzen.

In Beobachtungen mit dem Röntgenteleskop Chandra der NASA bildet sich außerdem das heiße Gas ab, das im Optischen unsichtbar ist. Doch anders als die Dunkle Materie, die die beiden Galaxienhaufen zu durchdringen und umhüllen scheint, befindet sich das heiße Gas zwischen den Galaxienagglomeraten. Bei einer früheren Kollision der beiden Galaxienhaufen haben es die Gezeitenkräfte herausgezerrt und im Raum dazwischen verteilt. Die Dunkle Materie dagegen scheint durch die Kollision wenig beeinflusst. Und so sehen die Forscher hier eine bereits früher vermutete Eigenschaft der Dunkle Materie bestätigt: dass sie offenbar kaum mit sich selbst wechselwirkt.

In einer weiteren Studie haben Wissenschaftler um Hironao Miyatake am Jet Propulsion Laboratory der NASA eine Stichprobe von rund 9000 Galaxienhaufen aus dem Sloan Digital Sky Survey untersucht. Ihr Augenmerk galt dabei der Struktur und Verteilung der Galaxien innerhalb der jeweiligen Haufen. Dabei stießen die Wissenschaftler auf zwei Typen von Galaxienhaufen: Solche, bei denen die Mitglieder eher lose verteilt waren, und solche, bei denen Galaxien enger beieinanderstanden. Außerdem fanden sich in der Umgebung der kompakteren Galaxienhaufen weniger ausschweifende Haufen als in der Nachbarschaft der lose gepackten. Die Forscher schließen daraus, dass die Dunkle Materie nicht nur die Masse eines Haufens selbst, sondern auch dessen Struktur beeinflusst und damit auch die Entwicklung von Galaxienhaufen widerspiegelt.

Doch trotz all der stichhaltigen Indizien, die für die Existenz der Dunklen Materie sprechen, ist ihre Natur nach wie vor weitgehend ungeklärt. Ein ganz wesentlicher Hinweis zu den Eigenschaften dieser Substanz ergab sich aus Peebles Berechnungen über die Strukturbildung im Kosmos. Dass Dunkle Materie als Wachstumsbeschleuniger für die Kondensationskeime auf dem Weg zu Sternen und Galaxien eine wesentliche Rolle spielen dürfte, ahnte man bereits. Doch ging man davon aus, dass etwa die schwer fassbaren Neutrinos oder ähnliche leichte flüchtige Teilchen, die sich mit nahezu Lichtge-

Bullet Cluster: In dieser Aufnahme des James Webb Space Telescope des Doppelgalaxienhaufens ist in blau die Verteilung der Dunklen Materie überlagert, die sich anhand der beobachteten Gravitationslinseneffekte herleiten ließ. Sie ist über die beiden zentralen Cluster-Bereiche verteilt. Das heiße Gas, das im Röntgenlicht leuchtet und mit Chandra beobachtet wurde, ist pink dargestellt. Es befindet sich zwischen den beiden Galaxienhaufen.

schwindigkeit bewegen, die Funktion als Dunkle Materie übernehmen könnten, hätten die Fluktuationen 380.000 Jahre nach dem Urknall schon so „groß" gewesen sein müssen, dass sie sich in der Hintergrundstrahlung im Bereich von Millikelvin abzeichnen sollten. Davon war aber in Beobachtungen in den 1980er-Jahren nichts zu erkennen. Anscheinend waren die Fluktuationen zu klein, sodass sie unterhalb des damals Messbaren lagen. Peebles führte dagegen die sogenannte kalte Dunkle Materie in diese Modelle ein, die aus sehr massereichen, dadurch aber langsamen Teilchen bestehen sollte. Zusätzlich zur Gravitation könnten sie – wenn auch sehr schwach – mit der gewöhnlichen Materie über die schwache Kraft, ähnlich wie die Neutrinos, wechselwirken. Wird die Strukturbildung im Wesentlichen von dieser Art der Dunklen Materie bestimmt, reichen winzige Dichteschwankungen in der frühen Epoche des Universums aus, um später trotz weiterer Expansion Galaxien zu bilden und die Strukturen des Universums hervorzurufen, wie wir sie heute kennen.

Unabhängig von den Entwicklungen in der Kosmologie wurde in noch einem anderen Fachgebiet der Physik der Ruf nach einer zusätzlichen, bisher unbekannten Form der Materie laut. Das zur Supersymmetrie hin erweiterte Standardmodell in der Teilchenphysik forderte weitere Teilchen, um bestimmte Kriterien der Supersymmetrie erfüllen zu können.

Demnach sollte beispielsweise zu jedem Boson ein Anti-Fermion und zu jedem Fermion ein Anti-Boson existieren. Aus diesen Spielregeln würde auch ein recht massereiches und ansonsten nur über die schwache Kraft wechselwirkendes Teilchen, das Weakly Interacting Massive Particle, kurz WIMP, hervorgehen; es sollte als Zerfallsprodukt des supersymmetrischen Antiteilchens des W-Bosons, dem Mittlerteilchen der schwachen Kraft, auftreten.

Theoretische Abschätzungen gehen von einer Masse von etwa 100 Gigaelektronvolt für das WIMP aus; das ist ausgesprochen schwer und liegt interessanterweise in einem ähnlichen Massenregime wie das Higgs-Teilchen. Beachtlicher noch: Zu dieser Massenabschätzung gelangt man auch aus den Bedingungen im frühen Kosmos für die Dunkle Materie.

Dabei war es immer die Hoffnung der Physiker, diese supersymmetrischen oder sonstige neue Teilchen der Dunklen Materie in einem irdischen Teilchenbeschleuniger nachzuweisen. Mit Experimenten wie dem Tevatron am Fermilab, dem bis vor dem LHC leistungsstärksten Beschleuniger, ließ sich jedoch lediglich die Masse nach unten hin eingrenzen.

Umso euphorischer war man um die Jahrtausendwende, als der Bau einer neuen Generation von Teilchenbeschleunigern bevorstand. Man ging davon aus, dass Teilchen wie die WIMPs unter den Kollisionsbedingungen, die der Large Hadron Collider am CERN, der

2007 den Betrieb aufnahm, entstehen könnten, und war guter Dinge, diese SUSY-Teilchen bald zu finden. Doch auch hier blieb die Suche seither erfolglos.

Ein weiteres Teilchen, das aus den Annahmen der Supersymmetrie hervorgeht, ist das Neutralino. Es sollte das leichteste langlebige Teilchen sein, das es gibt, und wird ebenfalls als begehrter Kandidat für Dunkle Materie gehandelt. Die klassischen Neutrinos kommen, obwohl sie inzwischen nachgewiesenermaßen Masse besitzen, nicht als Dunkle Materie in Frage; das lässt sich durch das kosmologische Modell ausschließen.

Daneben suchen die Physiker in verschiedenen anderen Experimenten nach den Teilchen der Dunklen Materie, etwa mit dem Ballonexperiment ANITA in der Antarktis, das die kosmische Strahlung nach auffällig hochenergetischen Ereignissen abscannt, oder in Laboren tief unter der Erde. In Europa befindet sich ein solches unterirdisches Experiment im Gran-Sasso-Massiv in den italienischen Abruzzen. Es ist darauf ausgelegt, nach der Strahlung zu suchen, die WIMP-Teilchen produzieren, wenn sie in seltenen Fällen durch Annihilationsprozesse zerstrahlen. Tief unter der Erde ist man hier abgeschirmt vor der kosmischen Strahlung, die man bei dieser gezielten Suche, anders als bei dem Ballonexperiment, vermeiden möchte. Da die WIMP-Teilchen selbst kaum mit Materie wechselwirken, sind sie in der Lage, das Gestein zu durchdringen. Doch auch hier hat man bislang keinerlei Hinweise auf diese Teilchen gefunden.

DAS UNIVERSUM IM COMPUTER

Wie sich aus den winzigen Dichteschwankungen der Urmaterie die heutigen großräumigen Strukturen im Universum bilden konnten, können die Wissenschaftler mittlerweile in umfassenden Compu-

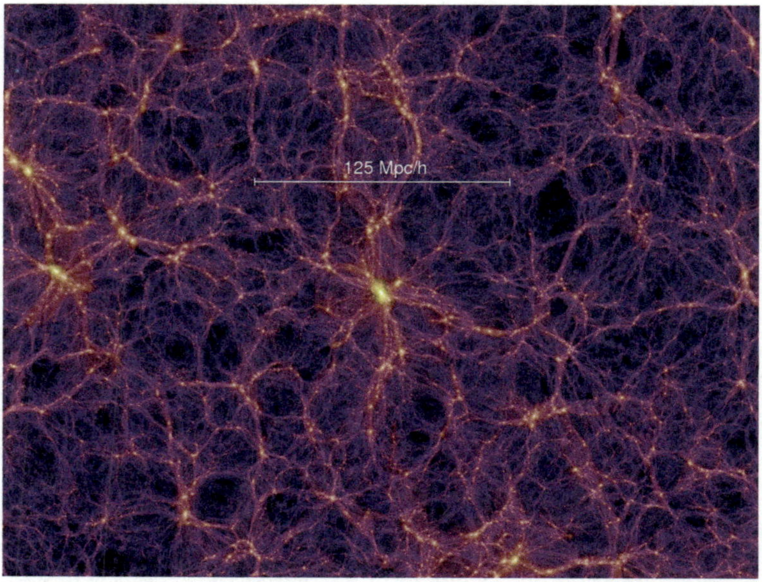

Millennium-Simulation 1: Mit der Millennium-Simulation haben Wissenschaftler um Volker Springel die Entstehung des kosmischen Netzes in aufwändigen Computersimulationen nachgerechnet. Die Abbildung zeigt die Strukturbildung von Dunkler Materie.

termodellen simulieren. 2005 sorgte die Millennium-Simulation für Aufsehen, mit der Wissenschaftler und Wissenschaftlerinnen in einer internationalen Kollaboration unter der Ägide von Volker Springel vom Max-Planck-Institut für Astrophysik die kosmische Strukturbildung nachgerechnet haben.

Die Bilder zeigen eine filigrane Netzstruktur, wobei sich die Materie in einigen hell leuchtenden Knotenpunkten konzentriert, die über filamentartige Brücken verbunden sind. Wüsste man nicht, dass es sich um den Kosmos handelt, könnte man hinter den Bildern sichtbar gemachte Synapsen im Gehirn oder ein leuchtendes Pilzmyzel vermuten. Dazwischen befinden sich großräumige leere, materiefreie Gebiete, so wie es mittlerweile auch zahlreiche Beobachtungen belegen.

Millennium-Simulation 2: In der „Nahaufnahme" aus der Millennium-Simulation ist die Verteilung von Dunkler Materie in einem Galaxienhaufen zu sehen.

Dabei entsprechen die in der Simulation farbenfroh dargestellten Gebiete allein der Verteilung Dunkler Materie. Sie macht etwa 80 Prozent der Masse im Universum aus, und da sie allein auf die Gravitation anspricht, unterliegt sie nicht dem Einfluss elektromagnetischer Strahlung und kann sich schneller zu Strukturen verdichten. Daher ist sie vermutlich die treibende Kraft bei der Strukturbildung, und so haben sich die Wissenschaftler bei der Millennium-Simulation zunächst auf diese Substanz konzentriert. Darüber hinaus vereinfacht das die Simulation ungemein gegenüber Simulationen, die die gewöhnliche Materie einschließen, da es eben ausschließlich die Gravitation und keine weiteren Kräfte oder Strahlungsprozesse zu berücksichtigten gilt.

TNG-Illustris 1: Die neueren Simulationen des TNG-Illustris-Modells beziehen viele physikalische Prozesse mit ein, die nur für gewöhnliche Materie relevant sind, wie etwa Gastemperatur und andere Wechselwirkungen. Die Abbildung zeigt das frühe Stadium eines Galaxienhaufens.

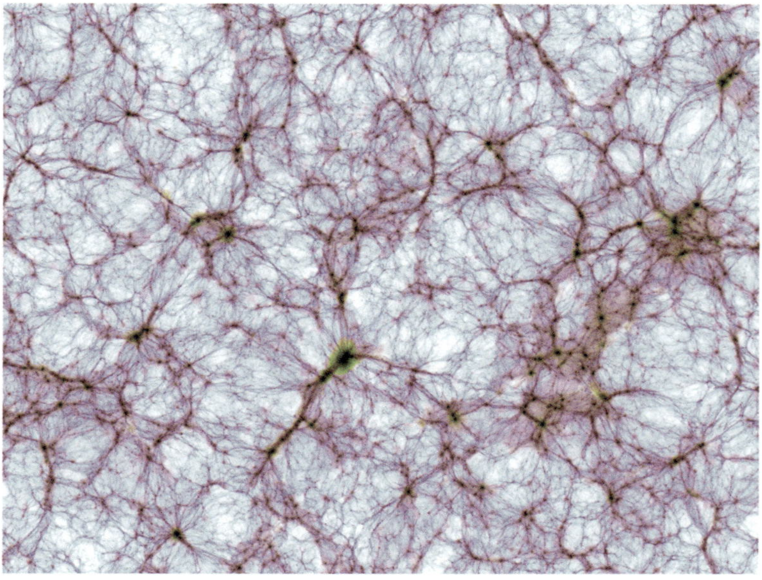

TNG-Illustris 2: In dieser Simulation von TNG-Illustris ist die großräumigere, simulierte Verteilung gewöhnlicher Materie zu sehen.

Dem wurden die Wissenschaftler um Mark Vogelsberger und Volker Springel in Folgeprojekten wie der Illustris-Simulation und der aktuell laufenden Illustris-TNG-Simulation (TNG steht für „The Next Generation") gerecht. Bei diesen neueren Computermodellen stand die Galaxienentstehung im Vordergrund, und so berücksichtigen die Forscher neben der Schwerkraft auch die Gasbewegungen, die thermodynamische Strömungen verursachen, um ein noch realitätsgetreueres Abbild der Strukturentwicklung des Universums zu schaffen. In der neueren Illustris-TNG-Simulation beziehen sie auch kosmische Magnetfelder mit ein. Alle diese Prozesse bestimmen die Dynamik der gewöhnlichen Materie ganz maßgeblich.

Trotz alledem folgt die gewöhnliche Materie in der kosmischen Strukturbildung der Dunklen Materie. Auch sie bildet ein filigranes Netz, bei dem sich in den Knotenpunkten die Materie in Form von Galaxienhaufen und Superhaufen konzentriert.

Neben der sogenannten kalten Dunklen Materie gilt als weiterer heißer Kandidat derzeit auch wieder ein extrem leichtes Boson als mögliche Erklärung. In einem ersten Testlauf haben Simon May und Volker Springel diese Form von Dunkler Materie in ihre Simulationen zur Strukturbildung integriert. Offensichtlich vermag Dunkle Materie mit solchen Eigenschaften einige Probleme zu erklären, auf die man sonst in der frühen Phase der Strukturbildung noch auf Ebene der Fluktuationen stößt. Außerdem könnte diese Form der Dunklen Materie möglicherweise einige Auffälligkeiten von Zwerggalaxien klären, die einigen Beobachtungen zufolge über weniger oder gar keine Halos von Dunkler Materie zu verfügen scheinen.

Alle diese Simulationen sind so rechenintensiv, dass sie sich nur an den größten Rechenzentren durchführen lassen. So wurde beispielsweise die Illustris-Simulation am SuperMUC im Rechenzentrum in Garching gerechnet und lief zusätzlich auf dem Curie-Supercomputer in Frankreich des Commissariat à l'énergie atomique et aux énergies alternatives. Die umfangreichste Simulation dazu lief auf 8192 Computerkernen und benötigte 19 Millionen CPU-Rechenstunden. Die Illustris-Simulationen der nächsten Generation (TNG) liefen zwei Jahre lang auf 24.000 Prozessoren, verteilt auf dem Hazel-Hen-Supercomputer am Höchstleistungsrechenzentrum in Stuttgart und beanspruchten insgesamt rund 200 Millionen CPU-Stunden. Dabei fiel ein Petabyte, also 10^{15} Byte, an Daten an.

Insgesamt stimmt das simulierte kosmische Netz aber erstaunlich gut auch mit den inzwischen sehr weitreichenden Beobachtungen unserer heutigen kosmischen Struktur überein, die mehrere 100 Millionen Galaxien umfassen und sich über einige Milliarden Lichtjahre erstrecken. So haben beispielsweise der Sloan Digital Sky Survey (SDSS) in den letzten Jahrzehnten oder jüngst die Durchmusterung des Dark Energy Projects detaillierte dreidimensionale Himmelskarten erstellt. Solche Himmelsdurchmusterungen erfassen automatisiert die Himmelspositionen der Objekte sowie deren Rotverschiebung als Indikator für deren Entfernung.

Mit der SDSS-Durchmusterung haben Astronomen am Apache Point Observatory Positionen und Helligkeiten von rund 470 Millionen Himmelsobjekten sowie die Entfernungen von über einer Million Quasaren aufgezeichnet. Aus den Daten ließen sich unter anderem die Sloan Great Wall, die sich über 1,37 Milliarden Lichtjahre erstreckt, sowie der vier Milliarden Lichtjahre große Quasar-Cluster U1.27, rekonstruieren. Auch darin zeigen sich die Galaxien wabenartig verteilt.

Im Juli 2019 stellte die SDSS-Kollaboration die bis dahin größte Strukturkarte des Universums vor. Sie enthält Messungen von mehr als zwei Millionen Galaxien und Quasaren und umfasst eine Epoche von elf Milliarden Jahren. Anhand dieser neuen Himmelskarte lässt sich erkennen, wie sich die großräumigen Strukturen im Kosmos mit der Zeit verändern. Diese Strukturen wachsen gewissermaßen mit der

Expansion mit und reichen so weit in die Vergangenheit zurück, dass sie eine unabhängige Methode bieten, die Expansionsrate des Universums zu verschiedenen Zeiten zu bestimmen (siehe auch S. 264).

Eine direkte Abbildung der größten zusammenhängenden Galaxienstruktur gelang 2019 einem Team um Hiroki Umehata vom RIKEN Cluster for Pioneering Research (CPR) in Japan. Mit dem VLT der ESO in Chile, den Mauna-Kea-Observatorien auf Hawaii und dem ALMA-Teleskop in Chile haben die Astronomen heißes Gas in der Umgebung einer Ansammlung von 24 Galaxien namens SSA22 beobachtet, das über Distanzen von drei Millionen Lichtjahren filamentartig im Raum verteilt ist. Aus den Beobachtungen ergab sich eine Entfernung von zwölf Milliarden Lichtjahren. Aufgeheizt wird das Gas durch Strahlung, die einerseits von Sternentstehungsgebieten in den Galaxien, andererseits von aktiven, extrem massereichen Schwarzen Löchern in den Zentren dieser Galaxien ausgesandt wird. Sie ionisiert das Gas zwischen den Galaxien und bringt es zum Leuchten. Aus den filamentartigen Verbindungsstrukturen könnten sich ebenfalls einmal Galaxien mit massereichen Schwarzen Löchern in ihren Zentren bilden, so die Forscher.

Eine ähnlich ausgedehnte Struktur von heißem Gas hatten Astronomen bereits andeutungsweise mit dem Keck Telescope auf Hawaii in der Nähe des Quasars UM 287 beobachtet. Dort erstreckt sich heißes Gas blasenartig über 1,5 Millionen Lichtjahre in den Raum. Zwar regt der Quasar das Gas wohl zum Leuchten an; dass das Gas aber von der aktiven Galaxie selbst stammt oder mit ihr in gravitativer Wechselwirkung steht, ist über diese weiten Entfernungen unwahrscheinlich. Daher vermuten die Forscher, dass der Quasar hier einfach die sonst unsichtbare Filamentstruktur des Universums in seiner Umgebung ausleuchtet.

Kürzlich sind noch zwei weitere nennenswerte Strukturfunde dazugekommen. Derzeit scannen Astronomen mit dem speziellen

Spektrometer DESI (Dark Energy Spectroscopic Instrument) am Kitt Peak National Observatory in Arizona den Himmel ab. Bereits 2019 installiert, hat das Instrument aufgrund der Corona-Pandemie erst im Mai 2021 seinen wissenschaftlichen Beobachtungsbetrieb aufgenommen. Bis voraussichtlich 2026 soll DESI die Positions- und Rotverschiebungsdaten von 35 Millionen Galaxien aufzeichnen. Eine erste dreidimensionale Himmelskarte veröffentlichte die internationale Forschungskollaboration Anfang 2022. Sie umfasst 400.000 Galaxien bis zu einer Entfernung von zehn Milliarden Lichtjahren.

Im Herbst 2025 hat die DESI-Kollaboration mit einem noch umfangreicheren Datenkatalog nachgelegt. Die nun bisher größte dreidimensionale Karte des Universums umfasst insgesamt 14 Millionen Galaxien, davon über 800.000 Quasare, deren Licht sich vor elf Milliarden Jahren auf den Weg zu uns gemacht hat. Anhand dieser umfassenden Stichprobe lassen sich großräumige Strukturen im Universum über seine unterschiedlichen Epochen hinweg vermessen. Daraus lassen sich nicht nur Schlüsse auf die Materieverteilung (inklusive der Dunklen Materie) ziehen, sondern auch darüber, ob und wie sich die Expansion des Universums und damit auch die Dunkle Energie mit der Zeit verändert.

In Richtung der Himmelsregion des Sternbildes Eridanus sind Astronomen auf eine Struktur gestoßen, die rund 30 Prozent weniger Materie enthält als ihre galaktische Umgebung. Das ist die größte derartige leere Himmelsregion, die man bisher kennt. Diese ausgedünnte Gegend erstreckt sich über 1,8 Milliarden Lichtjahre und ist zwei Milliarden Lichtjahre von uns entfernt. Damit deckt das untersuchte Himmelsareal rund ein Viertel der südlichen Hemisphäre ab! Interessanterweise fällt es mit einer Gegend am Himmel zusammen, in der die kosmische Hintergrundstrahlung kälter ist als im Durchschnitt.

Im Rahmen des Dark Energy Survey – einer weiteren Kollaboration zur Erkundung der Dunklen Energie – haben die Forscher in

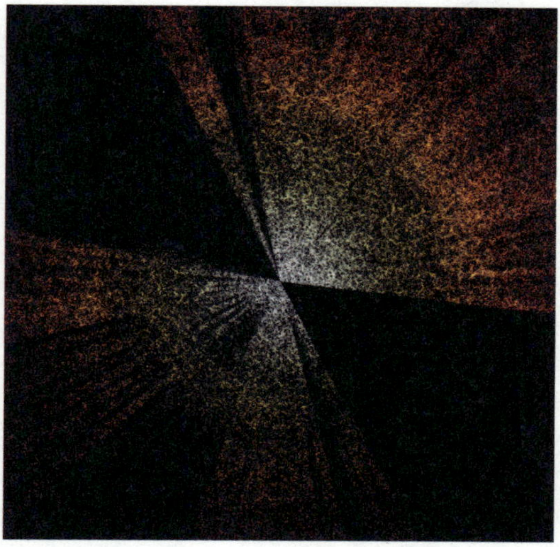

Dreidimensionale Himmelskarte: Die hier dargestellte Karte der DESI-Durchmusterung umfasst 800.000 Galaxien der inzwischen 7,5 Millionen beobachteten Objekte, die sich über zehn Milliarden Lichtjahre erstrecken.

dieser Himmelsregion mittels des Gravitationslinseneffekts untersucht, wie viel Materie diese Gegend enthält. Mit dieser Methode lässt sich auch ermitteln, wie viel Dunkle Materie sich dort befindet. So kann sie auch das Licht dahinterliegender Objekte wie Quasare ablenken. Aus der Art der Ablenkung lässt sich auf ihre Masse schließen.

Was kann der Grund dafür sein, dass die kosmische Hintergrundstrahlung aus einem größeren Gebiet kälter ist als überall sonst? Wenn Licht durch ein Schwerefeld läuft, gewinnt es an Energie, wenn es in dieses hineinläuft, und verliert sie wieder, wenn es dieses verlässt. Wenn es Energie gewinnt, erhöht es seine Frequenz, die Wellenlänge wird kürzer, es erscheint ins Blaue verschoben. Verliert es dagegen Energie, wird seine Frequenz niedriger, die Wellenlänge größer und es erscheint rotverschoben. Kosmologen sprechen von der Gravitationsrotverschiebung (siehe Kapitel 7, S. 236). Im Bild der Strahlungstemperatur bedeutet das, dass die Strahlung dadurch kühler wird. So könnte es sich verhalten, wenn die kosmische Hintergrundstrahlung die „Große Leere“ passiert.

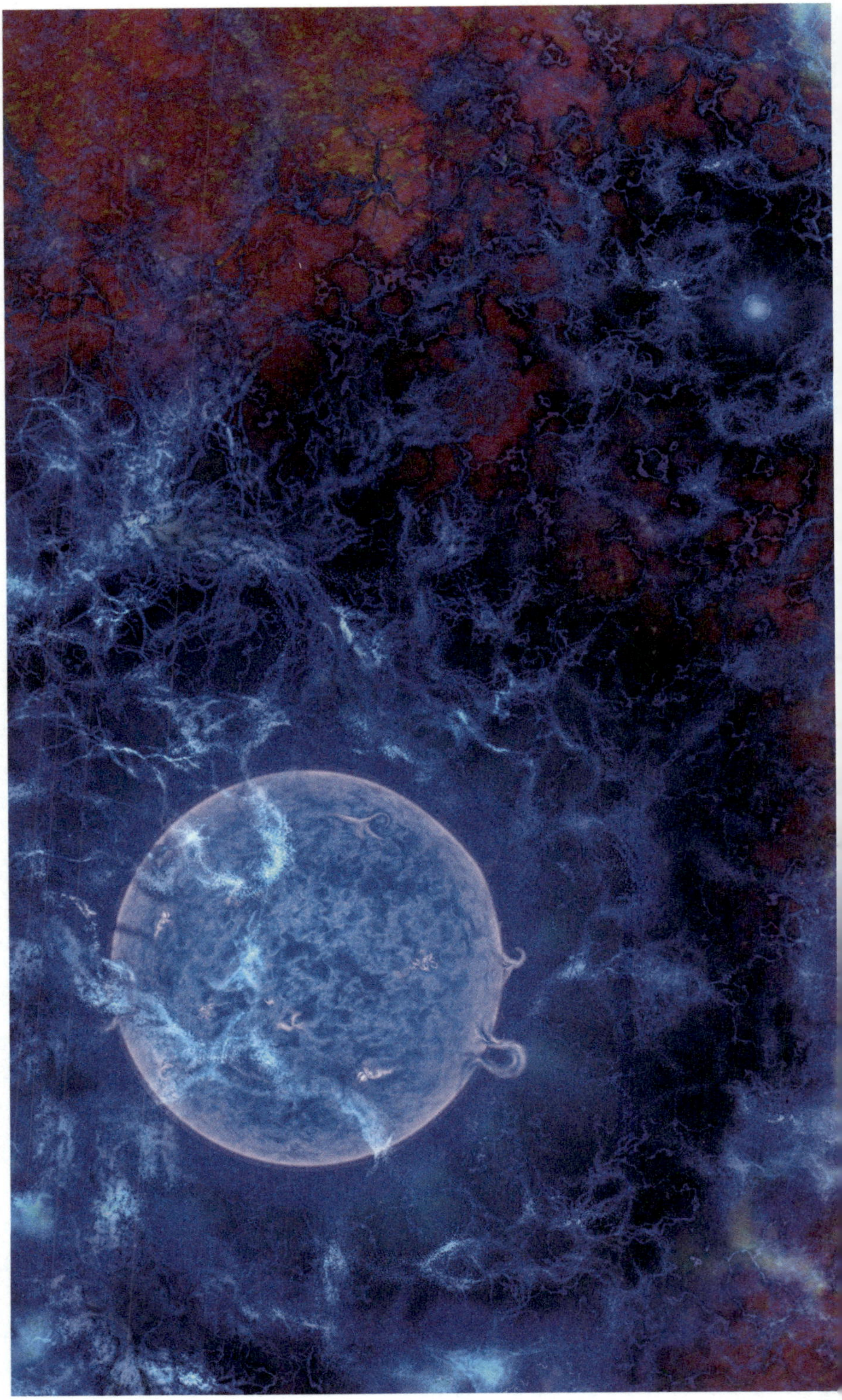

KAPITEL 4
DIE KOSMISCHE DÄMMERUNG

Wie die ersten Riesensterne und Quasare Licht ins Dunkel brachten und was Schwarze Löcher damit zu tun haben

Schleierfahndung: Die ersten Sterne waren in Dunkel gehüllt. Ihr Licht wurde noch vom omnipräsenten neutralen Wasserstoffgas verschluckt.

Nachdem sich die Photonen 380.000 Jahre nach dem Urknall von der Materie losgesagt hatten und ins Weltall entwichen waren, folgte eine Phase tiefster Finsternis. Der neutrale Wasserstoff, der nun das Universum dominierte, leuchtete nicht selbst. Er musste erst in Sternen und Galaxien gebunden werden, um seine Energie in Licht umwandeln zu können. Unterdessen begannen die anfänglichen Dichtefluktuationen ihre Wirkung zu entfalten.

In den Gegenden mit größerer Dichte sammelte sich immer mehr Materie an, bis sich dort irgendwann die Sterne und Galaxien bildeten. Ihr Licht bleibt uns dennoch bis heute verborgen, und zwar aus zweierlei Gründen: Zum einen reichen unsere Beobachtungstechnologien bisher kaum aus, um das schwache, stark rotverschobene Licht der ersten Galaxien zu erfassen. Zum anderen musste sich die Strahlung der allerersten Sterne und Galaxien erst noch den Weg durchs All erkämpfen. Denn sie wurde schlicht vom omnipräsenten neutralen Wasserstoff verschluckt. Das heutige Universum ist deshalb „durchsichtig", da sämtlicher Wasserstoff in der interstellaren und intergalaktischen Materie wieder weitgehend ionisiert ist.

Die ältesten Galaxien, die wir bisher kennen, lassen sich in eine Zeit zurückdatieren, als das Universum nur wenige hundert Millionen Jahre alt war. So finden sich etwa unter den mehr als 5000 Galaxien des Hubble eXtreme Deep Field knapp 100, die aus der Epoche nur etwa 500 Millionen Jahre nach dem Urknall stammen. Diese bisher tiefste Himmelsaufnahme, die 2012 veröffentlicht wurde, setzt sich aus den Hubble Ultra Deep Fields im Optischen und Infraroten mit insgesamt 22 Tagen Beobachtungszeit zusammen. Die älteste Galaxie namens GN-z11, die in den Hubble-Aufnahmen bisher gefunden wurde, wird einer Epoche von 420 Millionen Jahren nach dem Urknall zugeschrieben.

Inzwischen ließen sich, mit weniger Beobachtungszeit, aber dafür ausgeklügelterer Technik, noch weitere Rekorde bei den ältesten

Hubbles tiefer Blick: Im eXtreme Deep Field des Hubble Space Telescope sind Aufnahmen aus dem Optischen und Infraroten der Ultra Deep Fields zusammengefügt. Damit lassen sich auch besonders lichtschwache und entsprechend weit entfernte Galaxien erkennen. Das Bild enthält rund 5500 Galaxien in einem Himmelsareal, das nur ein Zehntel so breit ist wie der Vollmond.

Galaxien aufstellen. So machen sich die Astronomen bei der Suche nach fernen Galaxien ein Phänomen zunutze, das speziell bei Galaxien mit starker Sternentstehung auftritt. Gerade junge, heiße Sterne strahlen besonders hell im UV-Bereich. Doch in Sternentstehungsgebieten ist auch besonders viel neutraler Wasserstoff vorhanden, der UV-Strahlung bevorzugt ab einer bestimmten Wellenlänge von 92,1 Nanometern oder weniger, bei der er sich ionisieren lässt, absorbiert. Daher erscheint im Spektrum jenseits dieser Wellenlänge ein Einschnitt, den die Astronomen nach dem Energieübergang im Atom

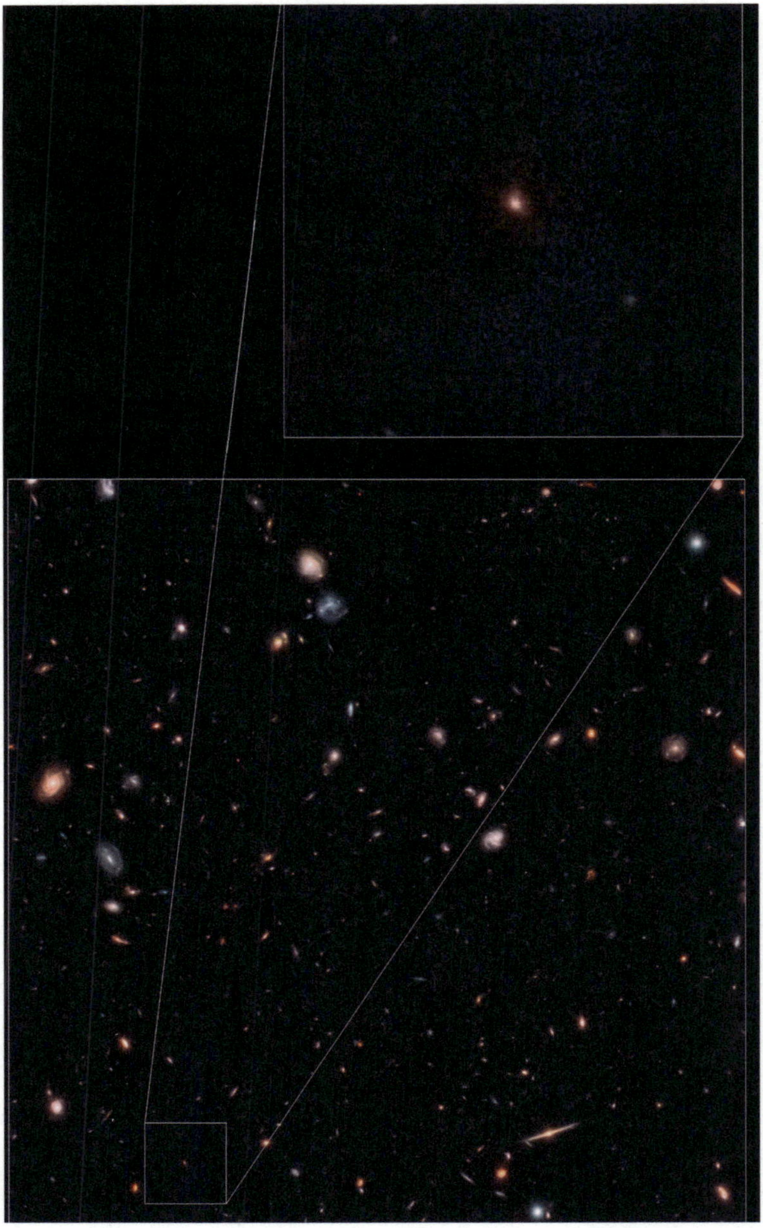

auch als Lyman-Alpha-Break bezeichnen. Bei fernen Galaxien mit entsprechend großer Rotverschiebung rückt dieser Einschnitt zu größeren Wellenlängen vor. Doch auch dort ist er nach wie vor so charakteristisch, dass Astronomen nach genau diesen Anzeichen in stark rotverschobenen Objekten suchen. Auf diese Weise lassen sich extrem frühe Galaxien im Universum aufspüren, die nur wenige hundert Millionen Jahre nach dem Urknall entstanden sind.

Im Rahmen des Cosmic Evolution Survey kombinierten Astronomen Aufnahmen des japanischen Subaru-Teleskops auf dem Mauna-Kea-Observatorium und des Weltraum-Röntgenteleskops XMM-Newton und konnten so Anfang 2022 die zwei bisher ältesten bekannten Galaxien HD1 und HD2 identifizieren. HD1 existierte offensichtlich bereits 330 Millionen Jahre nach dem Urknall. Das Licht dieser Galaxie war 13,5 Milliarden Jahre zur Erde unterwegs, sie befindet sich heute in einer Entfernung von 33 Milliarden Lichtjahren.

Auch das James Webb Space Telescope hat hier mittlerweile nachgelegt. Das Ende 2021 gestartete Weltraumobservatorium im Infraroten sucht nun im großen Stil nach Galaxien mit einer Lyman-Alpha-Lücke. Mit dem Programm JADES (JWST Advanced Deep Extragalactic Survey) nimmt es zwei Himmelsregionen im Detail ins Visier: GOODS-N scannt das Weltraumteleskop 150 Beobachtungsstunden und GOODS-S sogar 650 Beobachtungsstunden lang ab; dabei befindet sich letztere innerhalb des Hubble Deep Field. Wo das Hubble Space Telescope nur an der Oberfläche kratzen konnte, dringt das JWST nun noch weiter in die Vergangenheit des Universums vor.

Sieht alt aus: In einer seiner ersten Beobachtungen hat das James Webb Space Telescope eine der frühesten Galaxien aufgenommen. Ersten Schätzungen zufolge lässt sie sich in eine Epoche 330 Millionen Jahre nach dem Urknall datieren.

Licht aus der Vergangenheit: Bei dem rot eingefärbten Punkt in der Mitte dieser Aufnahme des James Webb Space Telescope handelt es sich um eine der am weitesten entfernten und damit ältesten Galaxien, die wir bisher kennen.

Ersten Analysen zufolge finden sich in den Aufnahmen über 200 Galaxien, die sich auf rund 330 Millionen Jahre nach dem Urknall zurückdatieren lassen. Unter den Altersrekorden sticht die Beobachtung der Galaxie JADES-GS-z13-1 ganz besonders heraus: Wider Erwarten weist sie bei einer Epoche von 330 Millionen Jahren keine Lyman-Alpha-Lücke auf, sondern zeigt im Gegenteil eine Emission bei dieser Wellenlänge. Für die Epoche ist das ungewöhnlich, denn man ging bisher davon aus, dass die kosmische Dämmerung, ab der der Wasserstoff nach und nach ionisiert wurde, erst zu einem späteren Zeitpunkt abgeschlossen war. Daher sollte der damals noch weitgehend neutrale Wasserstoff die Strahlung der ersten Sterne, oder was auch immer die starke Lyman-Alpha-Strahlung erzeugte, größtenteils absorbieren.

Ergänzt werden diese Beobachtungen durch die im Juli 2023 gestartete Euclid-Mission der ESA, die noch ein Stück weiter in die Vergangenheit wird blicken können. Das Weltraumobservatorium soll mit seinem Infrarotblick das Universum bis zu jener Epoche durchdringen, in der das Gas in seiner Urmaterie noch weitgehend strukturlos war, kurz bevor die ersten Sterne und Galaxien daraus entstanden.

Davon erhoffen sich die Astronomen Erkenntnisse darüber, wann und vor allem wie die ersten Sterne und Galaxien entstanden sind. Außerdem sollen die Missionen klären, wie sich das Licht dieser ersten Objekte seinen Weg durch das von neutralem Wasserstoff beherrschte Universum gebahnt hat.

Abseits der Milchstraße: Einer der beiden Himmelsbereiche, den das James Webb Space Telescope im Infraroten nach fernen Galaxien durchmustert, liegt im Sternbild Fornax (chemischer Ofen).

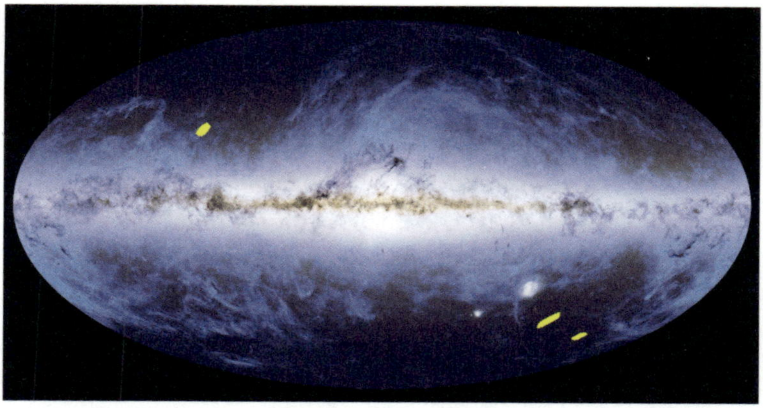

Deep Fields: Ergänzend zum James Webb Space Telescope blickt seit Juli 2023 die ESA-Mission Euclid in die Tiefen des Alls und führt sowohl im sichtbaren Licht als auch im Infraroten Beobachtungen durch. Die Himmelsausschnitte, die Euclid für seine Tiefendurchmusterung ins Visier nimmt, sind in dieser Karte (erstellt aus Daten der Missionen Planck und Gaia) gelb gekennzeichnet.

Vermutlich waren es sowohl die ersten Sterne als auch besonders leuchtkräftige Galaxien, sogenannte Quasare, die mit ihrer Strahlung während einiger hunderttausend oder Millionen Jahre die sogenannte Epoche der Reionisierung bestritten.

Sobald das Licht über eine bestimmte Mindestenergie verfügt, werden die Photonen vom Wasserstoff nicht einfach nur absorbiert. Die Elektronen in der Atomhülle erhalten dann so viel Energie, dass sie nicht mehr gebunden bleiben und dem Atom abhandenkommen. Der Wasserstoff wird ionisiert; in diesem Zustand kann er keine weiteren Photonen mehr aufnehmen, die Strahlung kann frei durch den Raum eilen.

Damit die Wasserstoffatome sich nicht wieder neutralisieren können, indem die Atomkerne die Elektronen wieder einfangen, müssen stetig ausreichend Photonen nachgeliefert werden, die das verhindern.

So bildeten sich um die ersten Sterne und Galaxien, die in den noch immer neutralen Wasserstoff eingebettet waren, zunächst Blasen aus ionisiertem Wasserstoff. Je mehr Sterne und Galaxien es gab und je länger diese leuchteten, umso mehr ionisierte Blasen entstanden und umso größer wuchsen sie an. Irgendwann stießen diese Blasen aufeinander, vereinten sich und der gesamte Wasserstoff war ionisiert. Von dieser Zeit an ist für uns auch der Blick in das frühe Universum wieder frei.

Wann das der Fall war, darauf können Forscher bis heute nur aus indirekten Beobachtungen oder Computersimulationen schließen. Das untersuchen Forscher derzeit mit der THESAN-Simulation. In ihren Rechnungen verknüpfen sie erstmals die physikalischen Prozesse, die bei der Reionisierung eine Rolle spielen, direkt mit den Prozessen der Galaxienbildung.

DIE KOSMISCHE DÄMMERUNG IM BLICK

Ein Forscherteam um Rachana Bhatawdekar von der ESA hat versucht, die Epoche der ersten Sterne anhand von Beobachtungen mit dem Hubble Space Telescope einzugrenzen. Dazu beobachteten sie Galaxienhaufen und Galaxien in einer Epoche zwischen 500 Millionen und einer Milliarde Jahre nach dem Urknall. In diesen frühen und sehr massearmen Galaxien fanden sich keine Hinweise auf Sterne der ersten Generation, die nur Wasserstoff, ein wenig Helium und Spuren von Lithium enthielten. Sie mussten sich also bereits früher gebildet haben und zu der Zeit bereits verloschen sein. Rachana Bhatawdekar und ihre Kollegen vermuten, dass die von ihnen beobachteten Galaxien die Epoche der Reionisierung einläuteten.

In einer anderen, Anfang Juni 2022 in der Fachzeitschrift *Monthly Notices of the Royal Astronomical Society* erschienenen Studie haben

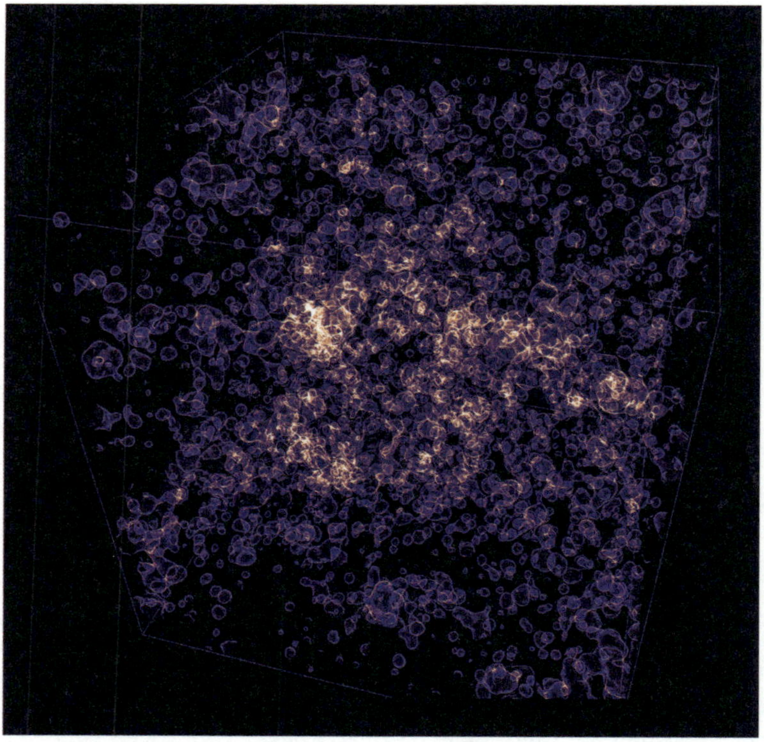

Reionisierung: Das Licht der ersten Sterne und Galaxien musste sich erst den Weg durch das Universum bahnen. In seiner Umgebung ionisierte es den atomaren Wasserstoff. Im THESAN-Projekt simulieren Wissenschaftler, wie die Blasen ionisierten Wasserstoffs mit der Zeit wachsen.

Wissenschaftlerinnen und Wissenschaftler um Sarah Bosman vom Max-Planck-Institut für Astronomie die Spektren von Quasaren nach den Signaturen von atomarem Wasserstoff abgesucht, der als Gas das Universum zwischen den Galaxien und Quasaren durchzieht. Dabei galt ihr Augenmerk jenen Quasaren, deren Licht noch teilweise von neutralem Wasserstoff absorbiert wird und diesen ionisiert. Durch die Ausdehnung des Universums ist die für diesen Prozess sehr charakteristische Wellenlänge, die sonst bei 121,6 Nanometern liegt, je nach Entfernung entsprechend rotverschoben. Daraus lässt sich auf die Epoche schließen, in der die Ionisierung stattgefunden hat. Als spätesten Zeitraum, in dem Wasserstoff (durch die Quasarstrahlung) ionisiert wurde, ergab sich nach dieser Methode ein Alter des Universums von 1,1 Milliarden Jahren nach dem Urknall. Zuvor war man davon ausgegangen, dass die kosmische Dämmerung bereits früher geendet hatte.

DIE SELTSAMEN QUASARE

Obwohl Quasare die leuchtstärksten Objekte im Universum sind, wurden sie erst in der jüngeren Astronomiegeschichte entdeckt. Das liegt daran, dass sich die meisten von ihnen in enorm großen Entfernungen befinden. Daher erscheinen sie dennoch verhältnismäßig leuchtschwach und weisen große Rotverschiebungen auf. Als sich die Radioastronomie in den 1950er-Jahren immer mehr etablierte, fielen den Astronomen punktförmige Quellen am Himmel auf, die besonders hell im Radiowellenbereich strahlten. Wegen ihres sternähnlichen Erscheinungsbilds erhielten diese Objekte die Bezeichnung „Quasar" für „quasistellar radio source" (sternähnliche Radioquelle). Doch nur wenige dieser Objekte ließen sich anfangs auch optischen Quellen zuordnen, denn die Positionsbestimmung bei Radiobeobachtungen war damals noch recht ungenau.

Einer der ersten Quasare, für den dies gelang, war 3C 273. Eine günstige Gelegenheit dazu bot sich, als der Mond im Jahr 1962 die betreffende Himmelsposition bedeckte. Während optische und Radioposition wegen der unterschiedlichen Messgenauigkeiten bei den verschiedenen Wellenlängen nicht genau übereinstimmen, ließ sich die durch den Mond bedeckte Position sehr exakt eingrenzen und so eindeutig nachweisen, dass es sich um ein und dieselbe Quelle handelt.

Strahlend hell: Der Quasar 3C 273 war einer der ersten, dessen Natur die Wissenschaftler erkannten. Diese hellsten Objekte sind bis in die früheste Vergangenheit zu sehen.

Doch eine weitere Beobachtung machte diese Objekte fast noch rätselhafter. Als der niederländische Astronom Maarten Schmidt (1929–2022) am Mount Palomar Observatory 1963 ein Spektrum von 3C 273 aufnahm, konnte er die Spektrallinien zunächst nur schwer identifizieren. Sie schienen völlig fehl am Platz zu sein. Schließlich wurde ihm klar, dass sie schlicht außergewöhnlich stark rotverschoben sein mussten. 3C 273 befindet sich in einer Entfernung von 2,4 Milliarden Lichtjahren, wie wir heute wissen, und bei diesen Distanzen kommt die Ausdehnung des Universums entsprechend stark zum Tragen.

3C 273 strahlt 300-mal heller als die Milchstraße beziehungsweise mehr als vier Billionen Mal stärker als die Sonne. In den Quasaren muss also eine extrem kraftvolle Energiequelle wirken, um solche Leuchtkräfte hervorzubringen. Um die Natur dieser neuartigen Objekte zu enträtseln, fand sich 1963 eine Gruppe von Wissenschaftlern von der University of Dallas in Texas zu einer eigens dafür ausgerichteten Konferenz zusammen. Daraus ging später die internationale Tagung *Texas Symposium on Relativistic Astrophysics* hervor, die seither alle zwei Jahre an wechselnden Standorten stattfindet und auf der sich Wissenschaftlerinnen und Wissenschaftler aus aller Welt mittlerweile mit den unterschiedlichsten Facetten der (allgemein-) relativistischen Astrophysik zum Ursprung des Universums, Schwarzen Löchern, Gravitationswellen, kollidierenden Galaxien und explodierenden Sternen oder Dunkler Materie und Dunkler Energie befassen.

KOSMISCHE TEILCHENBESCHLEUNIGER

Wie bereits bei ihrer Entdeckung vermutet, ist der treibende Motor, der den Quasaren zu ihrer enormen Leuchtkraft verhilft, ein extrem massereiches Schwarzes Loch in ihrem Zentrum. Gerät Materie in dessen Einflussbereich, umkreist sie es zunächst auf einer sogenannten Akkretionsscheibe, bevor sie hineinstürzt. Dabei heizt sich das Material in der Akkretionsscheibe durch Reibung derart auf, dass es Energie vom Radio- bis in den Röntgenbereich abstrahlt. Irgendwann wird ein Teil der Materie in das Schwarze Loch hineinstürzen und auf Nimmerwiedersehen darin verschwinden. Doch einige Materie kann dem Schwarzen Loch entkommen und wird entlang von enorm energiereichen Materiestrahlen, sogenannten Jets, senkrecht zur Akkretionsscheibe weit in den Raum hinausgeschleudert.

Wie dieser Mechanismus genau funktioniert, ist noch nicht endgültig verstanden. Man nimmt jedoch an, dass die Materie, die in der Akkretionsscheibe ionisiert als Plasma vorliegt, also geladen ist, an das Magnetfeld im Zentrum der Galaxie koppelt und dann entlang der Magnetfeldachsen beschleunigt wird. Die geladenen Teilchen erreichen dabei nahezu Lichtgeschwindigkeit und senden sogenannte Synchrotronstrahlung aus, die ebenfalls als Radiostrahlung weit hinaus ins All sichtbar ist.

In jedem Fall sind diese Materiejets in aktiven Galaxien die gewaltigsten Teilchenbeschleuniger im All, die wir kennen. Da die Teilchen auf nahezu Lichtgeschwindigkeit beschleunigt werden, spielen in diesen Jets auch relativistische Effekte eine Rolle. Das hat beispielsweise zur Folge, dass ein auf den Beobachter gerichteter Materiejet noch einmal wesentlich heller erscheint, als wenn dieser – trotz derselben Energie – in eine andere Richtung zeigen würde. Dann werden diese Quasare zu sogenannten Blazaren. Außerdem variiert die Helligkeit dieser Objekte stark, oft flackern sie nur vorübergehend besonders hell auf. Solche Strahlungsausbrüche können bis eine Million Milliarden mal mehr Energie abstrahlen als die Sonne. Diese Strahlung erstreckt sich über das gesamte elektromagnetische Spektrum, doch leuchten Blazare besonders auffällig im Röntgen- und Gammabereich.

Wenn die Materie in den Jets beschleunigt wird, spielen sich zahlreiche teilchenphysikalische Prozesse ab, bei denen neue Elementarteilchen entstehen, doch die zugrundeliegende Mikrophysik dahinter ist noch nicht gut verstanden. Die Jet-Materie liegt ionisiert vor und besteht im Wesentlichen aus Elektronen und Positronen. Zwar dürften uns von solchen aktiven Galaxien und Blazaren durchaus hochenergetische Teilchen erreichen, allerdings lassen sie sich kaum irgendwelchen kosmischen Quellen zuordnen.

Diese Teilchen erreichen uns vermischt mit der kosmischen Strahlung aus den Tiefen des Alls, die die obere Atmosphäre ionisiert. Sie enthält vorwiegend Protonen, aber auch Heliumkerne und Spuren von Atomkernen schwerer Elemente. Abgesehen von jenem Anteil, der von der Sonne stammt, erreicht uns die kosmische Strahlung diffus aus allen Richtungen; spezifische Quellen am Himmel lassen sich kaum ausmachen. Der Grund dafür ist, dass diese geladenen Teilchen durch die kosmischen Magnetfelder abgelenkt werden und so ihr wahrer Herkunftsort verwischt wird. Eine Teilchenart allerdings ist gegen Magnetfelder gewissermaßen immun: Die nahezu masse-

Entfernungsrekord: Der am weitesten entfernte Quasar P172+18 mit Radiojets, hier in einer künstlerischen Darstellung, lässt sich sogar mit dem Very Large Telescope der ESO untersuchen. Sein Licht war 13 Milliarden Jahre zu uns unterwegs und zeigt ihn zu einer Zeit, als das Universum 780 Millionen Jahre alt war.

losen und vor allem ladungsfreien Neutrinos. Sie sind zwar gerade deshalb auch nur sehr schwer zu erfassen, doch wenn das einmal gelingt, lassen sich daraus wichtige Schlüsse über ihre Herkunftsquellen ziehen. Solche Neutrinos könnten auch bei den gewaltigen Strahlungsausbrüchen aktiver Galaxien entstehen, so die Vermutung der Wissenschaftler. Und so sollten sie vermehrt auftreten, wenn diese in ihrer aktiven Phase besonders hell im Gamma- und Röntgenlicht strahlen.

Nach extrem energiereichen Neutrinos aus extragalaktischen Quellen halten Astrophysiker seit 2010 mit dem IceCube-Experiment am Südpol Ausschau. Die ersten Teilchen dieser Sorte gingen den Detektoren 2013 ins Netz. Lange ließ sich jedoch keines eindeutig mit einer kosmischen Quelle in Verbindung bringen.

BLITZE IM EIS

Wenn Neutrinos doch einmal mit einem Atom im Eis wechselwirken, entstehen als neue Elementarteilchen Myonen, die schweren Gegenstücke der Elektronen. Weil sie sich im Eis schneller bewegen als Licht in diesem Medium, senden sie bläuliche Lichtblitze, sogenannte Tscherenkow-Strahlung, aus. Und die lässt sich mit speziellen, in das Eis eingelassenen Detektoren von IceCube detektieren. Aus Form und Richtung der Lichtblitze können Astrophysiker auf die Herkunftsrichtung des Ursprungsneutrinos schließen. Auf diese Weise können Neutrinos also als Wegweiser zu den energiereichsten Prozessen dienen, die sich im Universum abspielen.

IceCube registriert täglich rund 200 Neutrinos, die meisten davon stammen von der Sonne. Doch die Neutrinos aus den Tiefen des Alls, nach denen IceCube eigentlich sucht, sind mit Energien von einigen hundert Teraelektronenvolt wesentlich energiereicher, aber auch sehr viel seltener. Kaum ein Dutzend solcher Teilchen konnte IceCube bisher detektieren.

Aber die Spuren der energiereichen Neutrinos allein reichen noch nicht aus, um eine kosmische Quelle dingfest zu machen. Deshalb suchen die Forscher nach energiereichen Ereignissen oder Objekten im Universum, die etwa zeitgleich mit dem Eintreffen der Neutrinos besonders stark aufleuchten. Auf diese Weise ließ sich erstmals im Jahr 2017 ein Hochenergie-Neutrino der Nummer IceCube-170922A bei einer Energie von 290 Teraelektronenvolt dem Blazar namens TXS 0506+056 zuordnen. Wie Folgebeobachtungen mit dem Fermi-Satelliten und den MAGIC-Teleskopen auf La Palma zeigten, strahlte er an der betreffenden Stelle besonders hell im Gammalicht. Eine ganze Reihe weiterer Observatorien bestätigten die Aktivität im optischen, Radio- und Röntgenbereich. Später fanden die Forscher in archivierten Daten, dass IceCube bereits 2014 und 2015 einige weitere

Magisches Gammalicht: Mit den Gammateleskopen MAGIC auf der Kanareninsel La Palma konnten Astronomen den Strahlungsausbruch des Blazars TXS 0506+056 verfolgen, von dem auch das mit IceCube registrierte Hochenergie-Neutrino mit der Nummer IceCube-170922A stammt.

hochenergetische Neutrinos aus Richtung dieses Blazars empfangen hatte. Damals war allerdings das Alarmsystem, das automatisch Folgebeobachtungen veranlasst, noch nicht aktiviert. So ließ sich erstmals eine mögliche Quelle von kosmischen Neutrinos identifizieren.

Mittlerweile haben sich für weitere mit IceCube registrierte Hochenergie-Neutrinos mehr und mehr Hinweise gefunden, dass auch diese aus den Zentren solcher aktiven Galaxien stammen. Eine wichtige Quelle ist etwa der Blazar PKS 1424+240, der auch Gamma- und Radiostrahlung aussendet. Mit dem Very Long Baseline Interferometer haben Forscher seinen Radiojet abgebildet, der von einem fast ringförmigen Magnetfeld durchdrungen ist. Darin werden auch Gammastrahlung und Neutrinos gebündelt und in den Weltraum hinausgeschleudert.

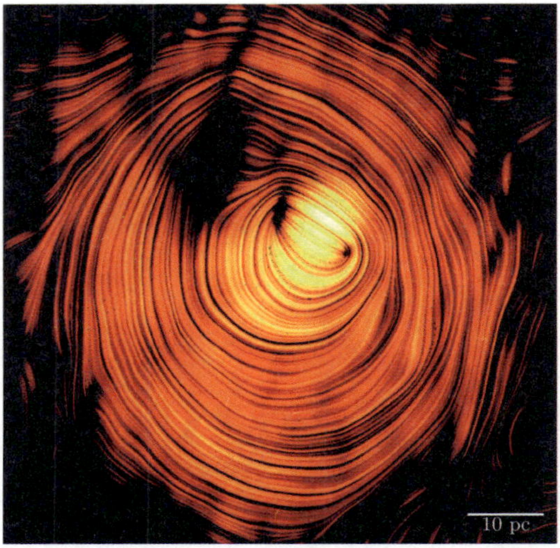

Auge des Sauron: Anhand von Aufnahmen mit dem Very Large Baseline Array (VLBA) haben Wissenschaftler das Magnetfeld in der Umgebung des Materiejets, der vom Blazar PKS 1424+240 ins All schießt, rekonstruiert.

Während IceCube weiterhin vom Südpol aus auf Neutrinojagd ist, entsteht derzeit als Ergänzung dazu ein neues Experiment auf der Nordhalbkugel: Es trägt den Namen KM3NeT, kurz für Kubikkilometer-Neutrino-Teleskop. Der dazugehörige Detektor vor der Küste Siziliens hat im Jahr 2023 das bisher energiereichste Neutrino gemessen. Es trägt den Namen KM3-230213A und war rund tausend Mal energiereicher als IceCube-170922A.

Auch wenn sich seine Ursprungsquelle bisher nicht identifizieren ließ: Es ist der erste Beweis dafür, dass solche hochenergetischen Neutrinos überhaupt entstehen können. Und auch dafür, dass dies nur im All möglich ist: Seine Energie ist 16.000-mal größer als die stärkste Energie, mit der Teilchenkollisionen am Large Hadron Collider des CERN, dem leistungsfähigsten Teilchenbeschleuniger der Erde, erzeugt werden können.

Wie wir heute relativ sicher wissen, beherbergt jede größere Galaxie in ihrem Zentrum ein massereiches Schwarzes Loch von einigen Millionen bis einigen Milliarden Sonnenmassen. Doch bei Weitem treten nicht alle als aktive Galaxienkerne so leuchtkräftig wie bei den Quasaren in Erscheinung.

Beobachtungen zeigen, dass Quasare zu einer bestimmten Epoche gehäuft auftreten. Man geht davon aus, dass die meisten Galaxien dieses Entwicklungsstadium durchlaufen haben. Allerdings heißt das nicht, dass ein Quasar, der einmal „erloschen" ist, auch für immer ruhig bleibt. Manche dieser Objekte können auch aufs Neue aktiv werden, wenn sich zu einem späteren Zeitpunkt wieder hinreichend viel Materie auf einer Akkretionsscheibe um das Schwarze Loch ansammelt. Vor allem aber stellt sich bei den ersten Quasaren, die bereits einige hundert Millionen Jahre nach dem Urknall existiert haben, die Frage, wie die Schwarzen Löcher, die diese kosmischen Leuchttürme befeuern, im frühen Universum entstehen und zudem in verhältnismäßig kurzer Zeit so groß werden konnten.

DIE GESCHICHTE MIT DEN SCHWARZEN LÖCHERN

Als man die Quasare entdeckte, war die Frage nach den Schwarzen Löchern noch weit weniger geklärt als heute. Aber schon Ende des 18. Jahrhunderts hatten sich der britische Naturforscher John Mitchell (1724–1793) und der französische Mathematiker und Astronom Pierre Simon de Laplace (1749–1827) Gedanken über dunkle Sterne oder dunkle astrophysikalische Körper gemacht, deren Schwerkraft so stark sei, dass Licht ihnen nicht entkommen könne. Die Ideen der beiden Forscher bewegten sich damals noch im Rahmen der newtonschen Gravitationstheorie und der Korpuskulartheorie des Lichts.

„If there exist in nature any bodies whose light could not arrive at us […] we could have no information from light; yet if any other luminous bodies should happen to revolve about them we might [...] infer the influence of the central one." (Mitchell) Zu Deutsch: „Wenn in der Natur irgendwelche Körper existieren sollten, deren Licht uns [von ihnen aus] nicht erreichen könnte [...], könnten wir keinerlei Informationen über sie durch Licht erhalten; doch sollte es irgendwelche anderen leuchtenden Körper geben, die diese umkreisen, könnten wir den Einfluss des [unsichtbaren] zentralen Körpers feststellen."

Mit seiner Vermutung war Mitchell ausgesprochen weitsichtig. Bis die Allgemeine Relativitätstheorie die Grundlage für das physikalische und mathematische Verständnis dieser Objekte schuf, musste noch mehr als ein Jahrhundert vergehen. Und bis man auch verstanden hatte, wie Sterne ihre Energie erzeugen und sich weiterentwickeln, wenn sie ihren Energievorrat aufgebraucht haben, dauerte es sogar noch länger.

Über ein Jahrzehnt später, nachdem Karl Schwarzschild derlei Objekte als mathematischen Sonderfall der ART erkannt hatte, berechnete der britisch-indische Astrophysiker Subrahmanyan Chandrasekhar (1910–1995), der zunächst in Cambridge und später in den USA wirkte, noch als Student, dass ausgebrannte Sterne oberhalb einer bestimmten Masse unaufhaltsam zu einem Neutronenstern oder noch weiter zu einem Schwarzen Loch zusammenstürzen würden. Ab welcher Masse sich ein Kollaps zu einem Schwarzen Loch nicht mehr vermeiden lässt, modellierten 1939 schließlich die Kernphysiker Robert Oppenheimer (1904–1967), Robert Serber (1909–1997) und George Michael Volkoff (1914–2000).

Da also das Endprodukt eines massereichen Sternenlebens meist ein Schwarzes Loch ist, sollte es eine ganze Population Schwarzer Löcher eher geringerer, das heißt stellarer Masse von einigen bis einigen zig Sonnenmassen auch in der Milchstraße geben.

BEOBACHTUNG VON SCHWARZEN LÖCHERN

In der Tat ließen sich Schwarze Löcher ganz im Sinne von Mitchell zunächst allein auf indirekte Weise aufspüren, so beispielsweise in Doppelsternsystemen. Ist der Partnerstern des Schwarzen Lochs hinreichend groß beziehungsweise massereich, kann Materie von ihm auf das Schwarze Loch überströmen und es in einer Akkretionsscheibe umlaufen. Auch hier heizt sich die Materie auf und wird im Röntgenlicht sichtbar. Das erste, 1972 auf diese Weise identifizierte stellare Schwarze Loch, ist die Röntgenquelle Cygnus X-1 im Sternbild Schwan. In ebendieser Himmelsregion zieht auch im Doppelsystem

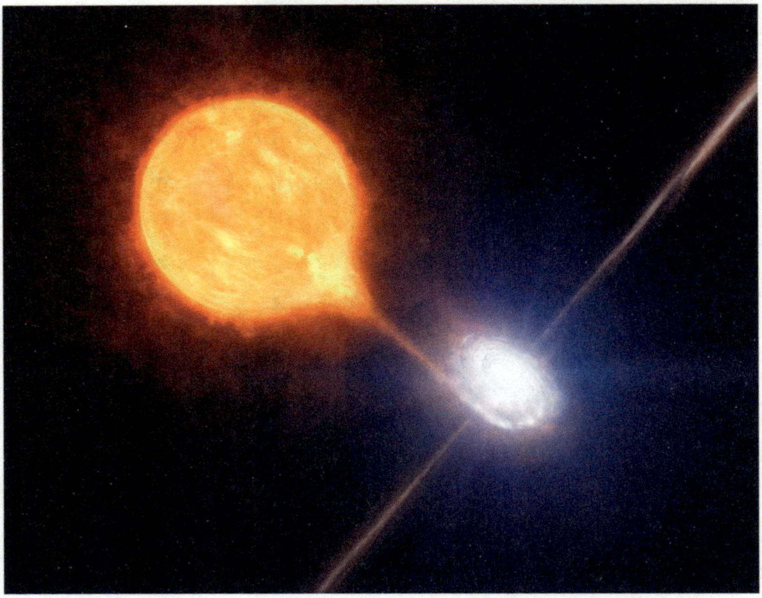

Gemischtes Doppel: In Doppelsternsystemen verstecken sich vermutlich jede Menge Schwarzer Löcher. Wenn Materie von ihrem stellaren Partner überströmt, heizt sich diese auf und wird im Röntgenlicht sichtbar (hier in künstlerischer Darstellung). Auf diese Weise verraten sich die unsichtbaren Gebilde der Schwerkraft also doch.

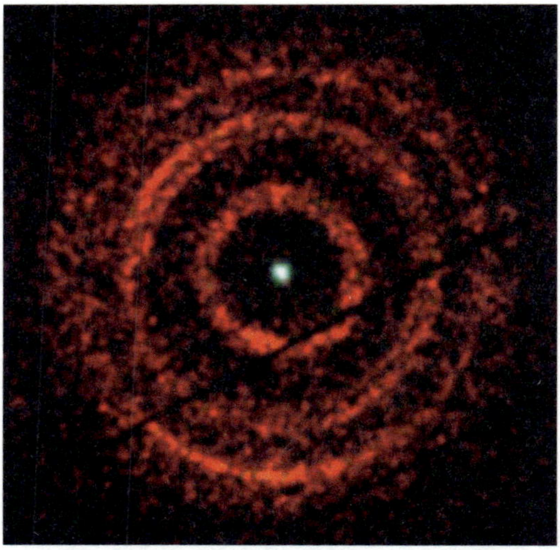

Im Röntgenblick: In dem Doppelsystem V404 Cygni macht sich das Schwarze Loch durch Röntgenstrahlung (rot) der heißen Materie in seinem Umfeld bemerkbar.

V404 Cygni ein Schwarzes Loch gelegentlich Materie von seinem Partnerstern ab. Dann flackert es als Nova auf und wird selbst im sichtbaren Licht so hell, dass es sich mit einem guten Amateurteleskop beobachten lässt.

Einen wesentlich direkteren Nachweis dieser Klasse von Schwarzen Löchern liefern seit 2015 die Beobachtungen von Gravitationswellen. Umkreisen sich zwei Schwarze Löcher in einem Doppelsystem, verlieren sie mit der Zeit Gravitationsenergie und nähern sich immer weiter an, bis sie ineinander stürzen und miteinander verschmelzen. Die Gravitationsenergie wird in Form von Gravitationswellen abgestrahlt, jenen Schwingungen der Raumzeit, die Einstein in seiner Allgemeinen Relativitätstheorie vorhersagte. Zu dem Zeitpunkt der Kollision sind die Gravitationswellen am stärksten. Da sie aber an sich nur sehr schwach mit Materie wechselwirken, ist eine ausgeklügelte Messtechnik notwendig, um sie nachzuweisen. 2015 ging den Wissenschaftlern der LIGO-Kollaboration erstmals ein Signal einer solchen Kollision zweier Schwarzer Löcher ins Netz. Mittlerweile sind solche Messungen Routine. Mehr als 200 Gravitationswellensignale haben die Detektoren der LIGO-Virgo-KAGRA-Kollaboration in der Zwischenzeit erfasst und die Messungen laufen auch weiter. Die meisten registrierten Kollisionen stammen von Paaren mit zwei stellaren Schwarzen Löchern, einige von zwei Neutronensternen, die sich zu einem Schwarzen Loch vereinigt haben, oder auch von gemischten Doppelsystemen.

Unter den bisherigen Funden lassen vor allem die Signale der schwersten Schwarzen Löcher in diesem Regime aufhorchen. Bei einer Masse von 225 Sonnenmassen stellt die jüngste Entdeckung die Astrophysiker vor ein großes Rätsel. Denn den bisherigen Theorien der Sternentwicklung zufolge sollten stellare Schwarze Löcher von

Lauschangriff ins All: In der Anlage des Gravitationswellendetektors Virgo in Cascina, Italien, suchen Wissenschaftler im Verbund mit den beiden LIGO-Detektoren in den USA nach Gravitationswellen. Seit 2015 gehen ihnen immer wieder Signale von kollidierenden Schwarzen Löchern sind Netz.

103 bzw. 137 Sonnenmassen, aus denen der Merger entstanden ist, eigentlich gar nicht existieren können.

Nichtsdestotrotz gelten solche Messungen bisher als die validesten Nachweise stellarer Schwarzer Löcher. Schätzungen zufolge sollte es in der Milchstraße und anderen Galaxien in unserer kosmischen Nachbarschaft Milliarden solcher Objekte geben.

Bei der Suche nach Schwarzen Löchern in den Zentren von Quasaren und Galaxien sind Astronominnen und Astronomen dagegen meist weiterhin auf indirekte Beobachtungsmöglichkeiten angewiesen. Nur zwei massereiche Schwarze Löcher in unserer kosmischen Nachbarschaft konnten sie bisher noch anderweitig ins

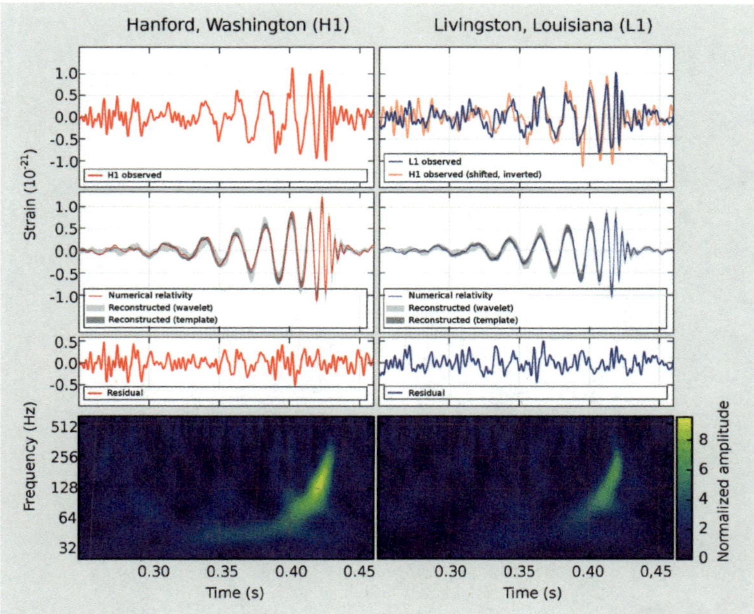

Das Jahrhundertsignal: Die allererste Messung von Gravitationswellen glückte im September 2015. Das Signal stammte von zwei miteinander verschmelzenden Schwarzen Löchern mit jeweils etwa 30 Sonnenmassen in einer Entfernung von 1,3 Milliarden Lichtjahren.

Schwingende Raumzeit: Gravitationswellen versetzen die Raumzeit in Schwingung. Sie lassen sich nur mit hochempfindlichen Detektoren messen. Umso eindrücklicher sind die farbcodierten Simulationen von der Kollision zweier Schwarzer Löcher.

Visier nehmen: Dasjenige im Zentrum unserer eigenen Galaxis und das in der aktiven Galaxie M 87, der massereichsten Galaxie des Virgo-Haufens.

Seit Mitte der 1990er-Jahre untersuchen zwei internationale Forschergruppen – die eine unter der Ägide von Reinhard Genzel vom Max-Planck-Institut für extraterrestrische Physik, die andere unter der Leitung von Andrea Ghez von der University of California – das Zentrum der Milchstraße im Detail. Mit dem Very Large Telescope (VLT) der ESO in Chile beziehungsweise dem W. M. Keck Observatory auf Hawaii haben sie dafür die Bahnen von Sternen beobachtet, die die Radioquelle Sgr A* im galaktischen Zentrum umkreisen.

2002 konnten die Astronomen am VLT beobachten, wie sich der Stern S2 der Quelle Sgr A* auf nur zwölf Millibogensekunden näherte.

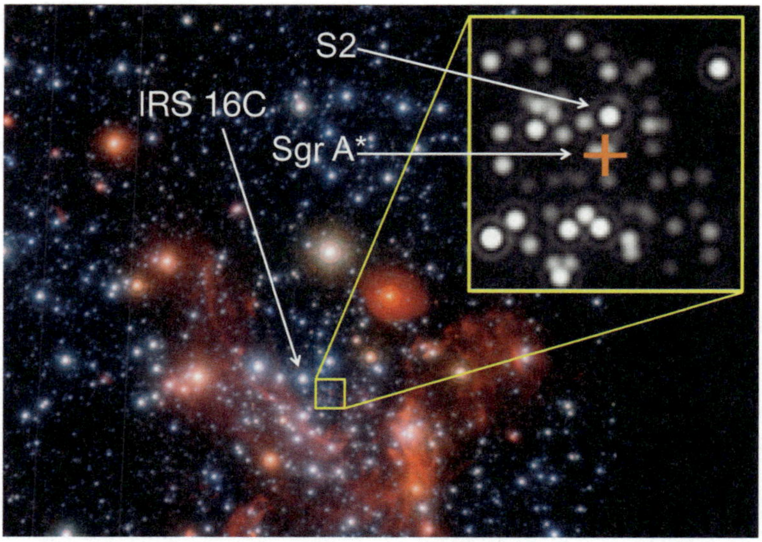

Enge Orbits: Die Sterne nahe dem Zentrum der Milchstraße ziehen ihre Bahnen nach den Gesetzen der Schwerkraft. Aus ihren Orbits lässt sich eine zentrale, extrem kompakte Masse von 4,2 Millionen Sonnenmassen berechnen: ein Schwarzes Loch.

Das entspricht einem Abstand von nur 17 Lichtstunden. Zum Vergleich: Von der Sonne bis zu Pluto braucht das Licht etwa fünf Stunden. Indem sie die Beobachtungen mit früheren Aufnahmen kombinierten, konnten Genzel und seine Kollegen die extrem elliptische Umlaufbahn des Sterns S2 mit einer Periode von 15,2 Jahren um die kompakte Radioquelle vollständig rekonstruieren.

Aus den Bahnorbits von S2 und weiterer Sterne schätzten sie anhand der Keplerschen Gesetze die Masse ab, die im Zentrum der Galaxis konzentriert sein muss: 3,7 Millionen Sonnenmassen. Dabei kann es sich nur um ein Schwarzes Loch handeln. Neuesten Messungen zufolge beläuft sich die Masse des zentralen Schwarzen Lochs sogar auf 4,2 Millionen Sonnenmassen. Die Arbeitsgruppe von Andrea Ghez kam unabhängig davon zu denselben Ergebnissen. 2020 erhielten

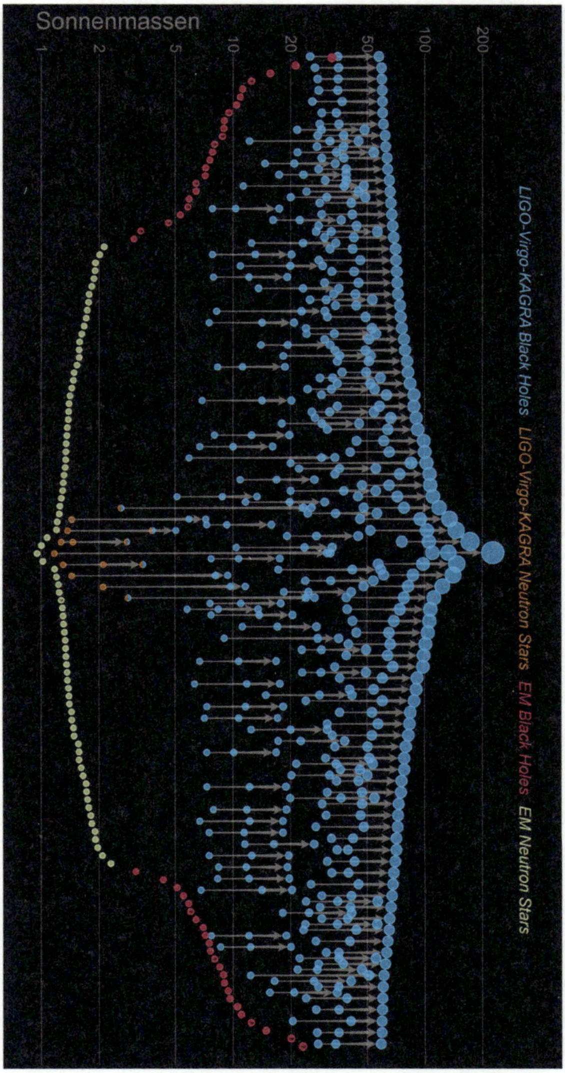

Kosmischer Crash: Wenn zwei Schwarze Löcher oder Neutronensterne in einem Doppelsystem ineinander stürzen, senden sie Gravitationswellen aus, die sich mit den Detektoren der LIGO-Kollaboration messen lassen. Die bisher beobachteten Signale stammen von Schwarzen Löchern zwischen einigen wenigen und maximal 225 Sonnenmassen.

Materiejet: Die aktive elliptische Galaxie M 87 ist das massereichste Mitglied des Virgo-Haufens. Sie beherbergt in ihrem Zentrum ein Schwarzes Loch von 6,6 Milliarden Sonnenmassen. Von ihrem Zentrum aus strömt ein Materiejet weit in den Raum.

Genzel und Ghez für ihre bahnbrechende Entdeckung den Nobelpreis für Physik.

Dass man sich dem Schwarzen Loch von Sgr A* beobachtungstechnisch noch direkter annähern können sollte, davon war der Astrophysiker Heino Falcke schon im Jahr 2000 überzeugt, ebenso einige seiner Kollegen. Möglich machen sollte das eine Technik, die in der Radioastronomie weithin eingesetzt und als Very-Long-Baseline-Interferometrie, kurz VLBI, bezeichnet wird. Vereinfacht gesprochen verbindet man hierzu mehrere Teleskope zu einem einzigen Riesenteleskop, indem man mit ihnen ein Objekt, also etwa das Zentrum der Milchstraße, koordiniert beobachtet. Entscheidend hierbei ist der Abstand der Teleskope – die „Baseline" – untereinander. Je größer diese Basislinie ist, desto höher wird die Winkelauflösung bei der zu beobachtenden Radiowellenlänge. Um das Zentrum der Milchstraße in seiner engsten

Schwarzes Herz: Das ALMA-Observatorium in der Atacama der chilenischen Anden ist Teil der EHT-Kollaboration und hat mit seinen Beobachtungen des Zentrums der Milchstraße dazu beigetragen, das Abbild des Schwarzen Lochs Sgr A* zu rekonstruieren.

Region um das Schwarze Loch bei der bevorzugten Wellenlänge von 1,3 Millimetern beziehungsweise einer Frequenz von 231 Gigahertz auflösen zu können, ist der Radius der Erde gerade einmal gut genug. Realisieren ließ sich das Unterfangen im Rahmen einer internationalen Kollaboration des Event Horizon Telescope (EHT), zu dem die Wissenschaftler Sgr A* zunächst mit acht, inzwischen mit elf, über den Erdball verteilten Radioteleskopen koordiniert beobachteten.

Dabei nahmen die Wissenschaftler auch noch das Zentrum einer anderen Galaxie ins Visier, und zwar das der elliptischen Riesengalaxie M 87 in einer Entfernung von 55 Millionen Lichtjahren. Obwohl das Schwarze Loch in dieser Galaxie, M 87* genannt, rund 2000-mal weiter entfernt ist als unser galaktisches Zentrum, erscheint es unter einem ähnlichen Winkel wie Sgr A*, denn es ist rund 1500-mal massereicher und damit auch 1500-mal größer als jenes in unserer eigenen Galaxis.

Im April 2019 ging das erste Abbild eines Schwarzen Lochs, nämlich das von M 87*, um den Globus. Weltweit fanden gleichzeitig mehrere Pressekonferenzen statt, Heino Falcke präsentierte die Ergebnisse auf der europäischen Pressekonferenz in Brüssel. Dasjenige von Sgr A* in der Milchstraße ließ noch etwas auf sich warten. Doch drei Jahre später, im Mai 2022, bekamen wir auch Sgr A* endlich zu Gesicht. Dabei ist sein Abbild jenem von M 87* ziemlich ähnlich: Ein leuchtender Ring mit einigen asymmetrischen Verdickungen, die Radiostrahlung orange eingefärbt, um sie für das menschliche Auge sichtbar zu machen. Doch warum hat es dann so viel länger gedauert, bis die Wissenschaftler auch die Daten von Sgr A* ausgewertet hatten?

Zunächst einmal darf man sich dieses Bild keineswegs wie ein gewöhnliches Foto vorstellen. Da ein Schwarzes Loch auch Licht verschluckt, lässt es sich nicht direkt abbilden, sondern eben nur die aufgeheizte Materie in seiner engsten Umgebung. Ein Teil dieser leuchtenden Materie wird durch die starke Schwerkraft auf eine Ringbahn um das Schwarze Loch gezwungen. So entsteht ein Lichtring, auf dem Photonen kreisen, die der Schwerkraft des Schwarzen Lochs zwar nicht mehr entkommen können, aber auch noch nicht in dieses hineinstürzen. Dieser Lichtring ist zudem durch das Schwarze Loch verzerrt und bildet so gewissermaßen dessen Schattenwurf ab. Und diesen Schattenwurf haben die Astronomen im Radiobereich für M 87* ebenso wie für Sgr A* mit dem EHT abgelichtet.

Außerdem treffen die Signale an den über den Erdball verteilten Teleskopen zeitversetzt ein. Daher mussten die Beobachtungen mit Atomuhren und Referenzmessungen von Quasaren abgeglichen werden. Die Daten wurden in zwei Rechenzentren, eines am Massachusetts Institute of Technology und eines am Max-Planck-Institut für Radioastronomie in Bonn, unabhängig voneinander ausgewertet und in einer komplexen Computersimulation zusammengesetzt.

Nah an der Realität: In Simulationen haben Wissenschaftler berechnet, wie sie die allernächste Umgebung des Schwarzen Lochs im Zentrum der Galaxie M 87 mit ihren Teleskopen abbilden würden.

Weil Sgr A* aber nur etwa ein Tausendstel so groß ist wie M 87*, bewegt sich die Materie um das Schwarze Loch im Zentrum der Milchstraße wesentlich schneller als in M 87, und zwar nahezu mit Lichtgeschwindigkeit. Das erschwerte die Beobachtungen enorm. Denn während M 87* gewissermaßen ein statisches Bild abgab, war Sgr A* permanent in Bewegung und machte die Abbildungen zusätzlich unscharf. Um ein vergleichbares Abbild von Sgr A* zu erstellen,

Variables Magnetfeld: Diese EHT-Aufnahmen zeigen, wie sich das Polarisationsmuster durch das Magnetfeld in der Umgebung des Schwarzen Lochs im Zentrum der Galaxie M 87 mit der Zeit verändert. Anfangs weisen die Magnetfelder eine spiralförmige Struktur auf, später werden sie homogener und kehren sich schließlich sogar um.

Quelle des Jets: Diese Computersimulation des Plasmas um das supermassereiche Schwarze Loch im Zentrum der Galaxie M 87 stellt den Materiejet dar, der im Magnetfeld verankert ist und in den Raum hinaustritt.

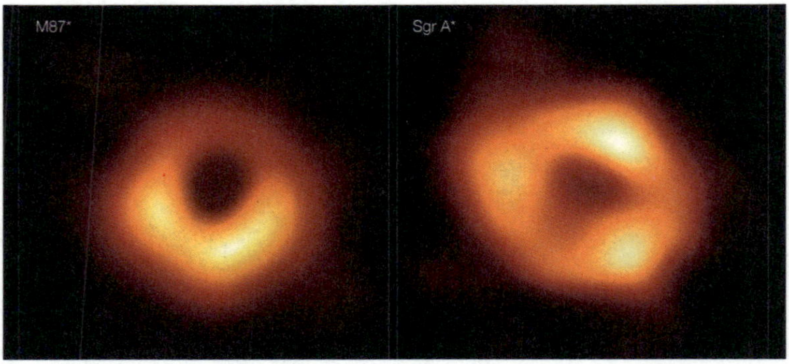

Am Puls der Raumzeit: Die Abbilder der Schwarzen Löcher M 87* in der elliptischen Galaxie M 87 und Sgr A* im Zentrum der Milchstraße, aufgenommen mit den Teleskopen der EHT-Kollaboration.

mussten die Astronomen zunächst noch weitere Analysetechniken entwickeln und anwenden.

Seither haben die Forscher die beiden Schwarzen Löcher mit dem EHT-Teleskopverbund weiter unter die Lupe genommen. In der Veröffentlichung vom September 2025 haben sie die Polarisation des Lichts im engsten Umfeld von M 87* über einen längeren Zeitraum verfolgt und daraus das Magnetfeld berechnet, das das Schwarze Loch umhüllt. Dabei zeigte sich, dass sich die räumliche Orientierung des Magnetfelds im Beobachtungszeitraum von 2017 bis 2021 änderte – eine Dynamik, die die Wissenschaftler so nicht erwartet hätten. Außerdem ließ sich mit dem inzwischen erweiterten Teleskopverbund nun erstmals Radiostrahlung aus jener Region beobachten, in der der relativistische Materiejet verankert ist.

Auch wenn damit der Mechanismus der Jet-Entstehung bei weitem noch nicht endgültig geklärt ist, zeigen diese Beobachtungen doch erstmals direkt, wie Magnetfelder daran beteiligt sind, Energie und Materie aus der Plasmaumgebung des Schwarzen Lochs wieder nach außen in den Weltraum zu transportieren.

VOM STELLAREN SCHWARZEN LOCH ZU GALAXIENKERNEN

Bei aller Evidenz, die wir mittlerweile über Schwarze Löcher auch in den Zentren von Galaxien haben: Diese Objekte werden nicht mit Millionen oder gar Milliarden von Sonnenmassen geboren. Sie starten wesentlich massärmer, aus den Überresten der ersten Sterne. Erst mit der Zeit wachsen sie, indem sie Materie aufsammeln. Man geht heute davon aus, dass einige hundert Millionen Jahre nach dem Urknall die ersten Sterne entstanden sind. Sie waren wesentlich massereicher als die Sterne im heutigen Universum und sollten Schwarze

Löcher in Größenordnungen von geschätzt 100 Sonnenmassen hinterlassen haben (siehe Kapitel 5, S. 160). Sie wären nur dort entstanden, wo das Universum am dichtesten ist – und vielleicht haben sich dann auch recht bald mehrere von ihnen zu größeren Objekten vereinigt. Ebenda bildeten sich auch die Zentren von Galaxien. So geht man davon aus, dass letztere langsam um die Schwarzen Löcher herum gewachsen sind, während diese ihrerseits weiter Materie aufgesammelt haben. Andererseits besitzen die am Weitesten entfernten und damit ältesten Quasare, die man mittlerweile bei einer Epoche von weniger als 700 Millionen Jahren nach dem Urknall beobachtet hat, Schätzungen zufolge Schwarze Löcher mit über 10^8 Sonnenmassen. Derart massereiche Schwarze Löcher könnten sich aber selbst aus den massereichen ersten Sternen nicht in so kurzer Zeit bilden.

Eine andere Theorie geht davon aus, dass sich in den Galaxien gleich anfangs einzelne Sterne mit sehr großen Massen gebildet haben. Damals wäre das Material noch durch die Hintergrundstrahlung aufgewärmt worden. Je wärmer das Gas war, desto größer konnte die Masse einer Gaswolke anwachsen, bevor sie unter ihrer eigenen Schwerkraft zu einem Stern kollabierte (siehe Kapitel 5, S. 156). So würden relativ schnell Schwarze Löcher mit 10.000 Sonnenmassen entstehen. Mit einer derart großen Masse hätten diese sternartigen Gebilde allerdings kein Sternenleben, wie wir es aus dem heutigen Universum kennen, durchlaufen, sondern wären nahezu unmittelbar zu einem Schwarzen Loch in sich zusammengestürzt. Ein ähnliches Szenario haben Forscher um Muhammad A. Latif von der United Arab Emirates University in einer in der Fachzeitschrift *Nature* veröffentlichten Studie anhand von Computersimulationen berechnet. Demnach könnten sich in der ersten Generation von Sternen durchaus auch Objekte mit 30.000 oder 40.000 Sonnenmassen gebildet haben, allerdings bevorzugt in Regionen aus kalten Gasströmen. So könnten über den ein oder anderen Weg recht früh massereiche

Schwerkraftgiganten: In dieser künstlerischen Darstellung ist ein extrem massereiches Schwarzes Loch von einer dünnen, leuchtenden Materiescheibe umgeben. Sie besteht aus Überresten von Sternen, die von der enormen Schwerkraft in seiner Umgebung zerrissen wurden. Wie solche Objekte im frühen Universum so schnell wachsen konnten, ist noch nicht endgültig geklärt.

Schwarze Löcher entstanden sein und sich zu den massereichen Zentren von Quasaren und aktiven Galaxien weiterentwickelt haben.

Eine weitere Hypothese nimmt an, dass sich in den dichtesten Regionen des Universums zunächst galaxienähnliche Formationen aus Sternen und Materie gebildet haben und die Schwarzen Löcher erst später entstanden sind. In jedem Fall sind für die Entstehung dieser massereichsten Objekte – Sterne ebenso wie Quasare – besondere Bedingungen im Universum nötig, und so ist es durchaus möglich, dass sich diese Objekte an den gleichen Orten gebildet haben.

Nadine Neumayer vom Max-Planck-Institut für Astronomie geht davon aus, dass die unterschiedlichen Prozesse gleichzeitig abliefen, je nachdem welche Bedingungen in den verschiedenen Regionen geherrscht haben. Mit ihrer Arbeitsgruppe untersucht sie, wie sich über anfangs recht massearme Galaxien einzelne sehr große mit entsprechend massereichen Schwarzen Löchern gebildet haben könnten. Dabei scheint es entscheidend zu sein, ob auch diese kleineren Galaxien bereits ein zentrales Schwarzes Loch besitzen oder nicht. Über ein hierarchisches Wachstumsmodell könnten dann einzelne sehr große Galaxien oder Quasare mit entsprechend massereichen Schwarzen Löchern entstehen.

Darüber hinaus stellt sich die Frage, wie lange Quasare überhaupt so aktiv leuchten. Das ließe sich gerade mit hoch-rotverschobenen Quasaren untersuchen, da diese sich in einer Umgebung befanden, die noch nicht vollständig ionisiert war. Die Ausdehnung der ionisierten Blase um einen Quasar ist ein guter Indikator dafür, wie lange er schon so stark leuchtet. Daraus lässt sich schließlich abschätzen, wie schnell das Schwarze Loch in seinem Zentrum wächst.

Eine alternative Theorie bringt unter anderem der Astrophysiker und ehemalige Science Director der ESA Günther Hasinger ins Spiel. Seiner Ansicht nach dauert die Wachstumsphase dieser extrem massereichen Schwarzen Löcher länger, als Zeit im frühen Universum zur Verfügung stand. Um dieses Problem zu lösen, spekulieren einige Wissenschaftler, dass die ersten Schwarzen Löcher vielleicht bereits direkt aus dem Urknall hervorgegangen sind.

Hasinger sowie einige seiner Kollegen mutmaßen, dass die Dunkle Materie aus Schwarzen Löchern bestehen könnte, die schon in den ersten Sekunden nach dem Urknall entstanden sind. Diese primordialen Schwarzen Löcher hätten dann als Saatkeime für die Zentren von Galaxien gedient, und die Sterne und die Galaxien hätten sich um sie herum entwickelt. Wäre das tatsächlich der Fall gewesen, dann sollte die erste Population von Sternen nicht wie bisher angenommen erst 200 Millionen Jahre nach dem Urknall entstanden sein, sondern schon ungefähr 50 Millionen Jahre danach. Und das James Webb Space Telescope könnte das sehen.

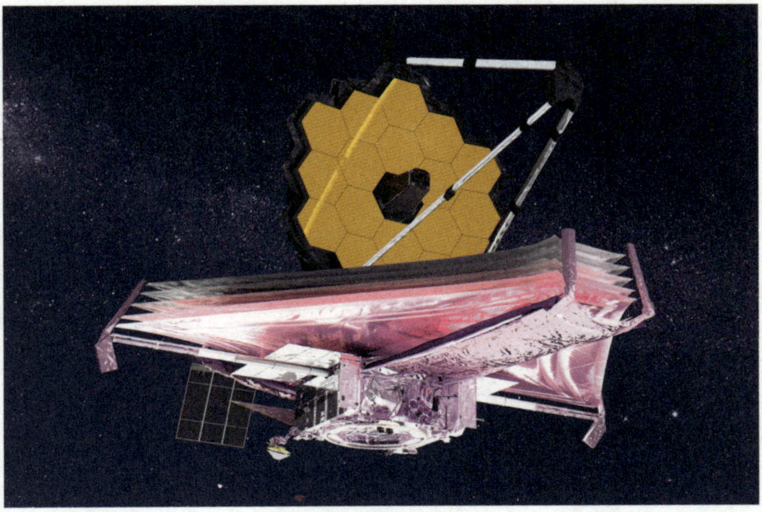

Neuer Blick ins All: Das Ende 2021 gestartete James Webb Space Telescope hat im Sommer 2022 die ersten Bilder geliefert. Es ist auf den Infrarotbereich des Spektrums spezialisiert. Damit soll es unter anderem die Epoche der kosmischen Dämmerung untersuchen, aber auch die Atmosphären von Exoplaneten studieren.

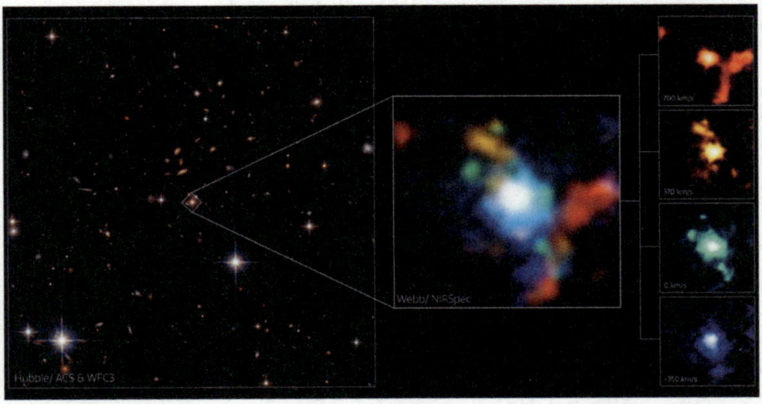

Roter Quasar: Der Quasar SDSS J165202.64+172852.3 stammt aus einer Zeit vor 11,5 Milliarden Jahren. Links ist er in einer Aufnahme des HST zu sehen. Das JWST hat die stark rotverschobenen Linien des ionisierten Sauerstoffs aus seiner Umgebung im nahen Infraroten analysiert (Mitte und rechts).

KAPITEL 5

VOM WASSERSTOFF ZUM STERNENSTAUB

Woher das Eisen in unserem Blut und das Gold für die Zahnfüllung stammen

Kosmische Schatztruhe: Gas und Staub sind der Stoff aus dem sich die Sterne bilden. Wenn Sterne sterben, verteilen sie dieses Material wieder im All und reichern es mit neuen schweren Elementen an. Dort findet es sich erneut zu Sternentstehungsgebieten zusammen, wie hier im Nebel NGC 3603.

EINE FRAGE DES GLEICHGEWICHTS

Wenn sich Sterne bilden oder wenn sie sich im Laufe ihrer Existenz weiterentwickeln, ist es immer eine Frage des Gleichgewichts. Bringt die Schwerkraft dieses Gleichgewicht ins Wanken, entstehen entweder Sterne oder sie sterben. Das war im frühen Universum so und ist es auch noch heute. Im Gas des interstellaren Mediums herrscht stets ein von der Temperatur abhängiger Druck, der das Gas auseinandertreibt, das heißt, expandieren lässt. Dabei ist ein freies Gas stets bestrebt, sich auszudehnen; je wärmer es ist, umso stärker. Zugleich sind die Gasmassen ihrer eigenen Schwerkraft ausgeliefert, die diesem Druck entgegenwirkt. Solange sich Druck und Gravitation die Waage halten oder der Druck sogar die Schwerkraft überwiegt, geschieht nichts weiter Außergewöhnliches. Ist dieses Gleichgewicht nicht mehr gegeben, beginnen die Gasmassen – im frühen Universum wie auch heute – unter ihrer eigenen Schwerkraft in sich zusammenzustürzen.

Unter welchen Bedingungen dies geschieht, leitete der britische Physiker und Kosmologe James Jeans (1877–1946) in einem nach ihm benannten Kriterium her. Demnach hängt die Masse von der Dichte und viel mehr noch von der Temperatur ab. Je größer die Dichte, desto geringer ist die Masse, ab der eine Gaswolke instabil wird. Umgekehrt ist aber die für einen Kollaps benötigte Masse umso größer, je höher die Gastemperatur beziehungsweise geringer die Dichte ist. Und genau in diesen Bedingungen unterschied sich das frühe Universum wesentlich von den heutigen Sternentstehungsgebieten, wie wir sie beispielsweise in der Milchstraße beobachten.

Hinzu kommt, dass noch andere physikalische Gegebenheiten dieses Gleichgewicht beeinflussen, die sich mit der Zeit im Universum gewandelt haben: Das heutige Universum ist weiter durch die Expansion ausgekühlt, außerdem beeinflusst der Gehalt an schweren Elementen den Sternentstehungsprozess und auch die weitere Sternentwicklung.

KÜHLENDE MOLEKÜLE

Die ersten Sterne sind vermutlich in Materiekonglomeraten, die die Vorstufen von Galaxien bildeten, etwa 100 bis 250 Millionen Jahre nach dem Urknall entstanden. Diese Materiewolken waren ähnlich groß wie Sternentstehungsgebiete in der Milchstraße, die sich über einige hundert bis tausend Lichtjahre erstrecken können. Doch im Gegensatz zu diesen Materieansammlungen in der heutigen Milchstraße bestanden die damaligen Agglomerate zu 90 Prozent aus Dunkler Materie. Das baryonische Gas dieser frühen „interstellaren Materie" bestand hauptsächlich aus atomarem Wasserstoff, 25 Prozent Helium, etwas Lithium und keinerlei schwereren Elementen.

Auch wenn im heutigen Universum die Mengen von Wasserstoff und Helium nach wie vor ähnlich sind, sind dennoch sämtliche schwereren Elemente vertreten, und auch wenn sie das verglichen mit Wasserstoff und Helium nach wie vor nur in Spuren sind, beeinflussen sie die Sternentstehung doch auf entscheidende Weise, denn die schweren Elemente haben eine wichtige Kühlfunktion in der interstellaren Materie.

Während das Universum weiter expandierte und dabei abkühlte, heizte sich die Materie dort, wo sie sich durch ihre eigene Schwerkraft verdichtete, auf. Sobald die Temperaturen etwa 1000 Kelvin erreicht hatten, setzte ein physikalisch-chemischer Prozess ein, der bis dahin gar nicht hatte stattfinden können, aber das weitere physikalische Geschehen im Universum entscheidend beeinflussen sollte: Ein Teil der Wasserstoffatome fand sich zu Molekülen zusammen. Und die sorgten dafür, dass sich das verdichtete und aufgeheizte Gas wieder abkühlte, indem die Moleküle angeregt durch Stöße mit Wasserstoffatomen Licht im Infraroten abstrahlten.

Der Kühlprozess trug zum einen dazu bei, dass sich gewöhnliche (baryonische) Materie und Dunkle Materie strukturell voneinander

Orion-Nebel im Detail: Der Orion-Nebel in 1350 Lichtjahren Entfernung ist wohl das bekannteste Sternentstehungsgebiet in unserer kosmischen Nachbarschaft. Hier hat das James Webb Space Telescope einen ersten Blick auf die dichte Wand aus Staub und Molekülen bei dem hellen Stern ϑ_2 Orionis A geworfen.

trennten. Da Dunkle Materie nach dem gängigsten Modell ausschließlich über die Gravitation mit baryonischer Materie wechselwirkt, kann sie nicht über Stöße mit den Atomen interagieren und schon gar nicht Energie im elektromagnetischen Spektrum abstrahlen. Sie war also bei diesem Kühlprozess außen vor und verdichtete sich, anders als die gewöhnliche Materie, nicht weiter. Das ist auch der Grund dafür, warum sich in heutigen Galaxien die sichtbare, leuchtende Materie

Turbulenter All-Tag: Der Stern Eta Carinae ist in einen Nebel interstellarer Materie eingebettet und formt mit seinen Sternwinden die Umgebung.

in Sternen in der Scheibe konzentriert, während die Dunkle Materie weitläufig über den Halo verteilt ist.

Zum anderen leitete die Kühlung durch molekularen Wasserstoff überhaupt erst die Sternentstehung ein. Denn auf diese Weise kühlte das Gas in den dichten Regionen von 1000 Kelvin auf etwa 200 bis 300 Kelvin ab. Bei höheren Temperaturen wäre es kaum möglich, dass die Materie im Sinne des Jeans-Kriteriums zu Sternen kollabiert.

Weiter aber als bis auf 200 Kelvin kann molekularer Wasserstoff nicht kühlen. Im heutigen Universum dagegen herrschen in Sternentstehungsgebieten Temperaturen von drei bis zehn Kelvin. Und da nach dem Jeans-Kriterium die Masse der kollabierenden Wolke ganz wesentlich von der Temperatur abhängt, waren die ersten Sterne entsprechend massereicher als die Sterne im heutigen Universum.

Berechnungen zufolge hatten die ersten Sterne typischerweise zwischen einigen hundert und tausend Sonnenmassen, einigen Modellen zufolge könnten die Massen sogar noch viel größer gewesen sein (siehe Kapitel 4, S. 150). Dagegen besitzen die massereichsten Sterne im heutigen Universum, von denen es nur sehr wenige wie beispielsweise Eta Carinae in der Milchstraße gibt, 100 bis 150 Sonnenmassen.

Sterngigant: Einer der massereichsten Sterne im heutigen Universum ist Eta Carinae. Er befindet sich in einem Doppelsternsystem. Seine Masse wird auf 100 Sonnenmassen geschätzt, die des Sekundärsterns liegt deutlich darunter. Eta Carinae selbst ist nicht zu sehen, sondern hinter seiner abgestoßenen Gashülle versteckt.

EIN STERN ENTSTEHT

Dabei entstehen Sterne nie einzeln, sondern immer zu mehreren gleichzeitig, indem eine größere Gaswolke zunächst in kleinere Teile auseinanderbricht. Während ein solches Wolkenfragment kollabiert, heizt es sich nach und nach immer weiter auf. Irgendwann ist es so kompakt und aufgeheizt, dass es rund 1000 bis 1500 Kelvin erreicht hat und als sogenannter Protostern im Infraroten zu strahlen beginnt. Die Strahlung stammt allein aus der Umwandlung von Gravitationsenergie in Wärme durch die Kontraktion. Bis im Inneren die Kernfusion zündet, dauert es noch eine Weile, denn hierzu muss sich der Kern des Protosterns noch weiter verdichten und vor allem aufheizen.

Staubiger Blick: Sterne bilden sich aus Staub- und Gaswolken, die fragmentieren, kollabieren und sich aufheizen, bis schließlich die Wasserstofffusion zündet. Die heißen Wolkenkerne entstehender Sterne lassen sich im Infraroten wie hier in einer kombinierten Aufnahme der APEX-Durchmusterung und dem Herschel-Teleskop beobachten.

Ab einer Temperatur von 100.000 Kelvin beginnen die ersten Fusionsprozesse zu zünden, bei denen Energie produziert und als Strahlung abgegeben wird. Dabei werden zunächst Deuterium und Lithium fusioniert. Da diese beiden Elemente beziehungsweise deren Isotope nur in Spuren vorhanden sind, hält sich dieser Fusionsprozess nicht lange aufrecht und kann den Stern nicht fortlaufend mit Energie versorgen. So zieht sich der Kern des Sterns noch weiter zusammen, bis es in seinem Inneren mit einer Temperatur von 15 Millionen Kelvin heiß genug ist, dass die Wasserstofffusion zünden kann.

ELEMENTE AUS DEN STERNEN

Wie die Energieerzeugung im Sterninnern genau abläuft, erklärte Carl Friedrich von Weizsäcker. Damit auch nur das nächste höhere Element nach Wasserstoff entstehen kann, müssen sich zwei Wasserstoffkerne, also zwei Protonen, so nahekommen, dass sie die elektrische Abstoßung überwinden und in die Reichweite der Kernkraft gelangen. Sie wirkt nur über sehr kurze Distanzen, ist aber um ein Vielfaches stärker als die Coulomb-Kraft und noch dazu immer anziehend. Das funktioniert nur, wenn ihre kinetische Energie, also ihre Bewegungsenergie, jeweils groß genug ist.

Haben es zwei Protonen erst einmal zueinander geschafft, wandelt sich eines von beiden über den Beta-Zerfall in ein Neutron um, denn zwei Protonen allein in einem Kern können nach den Gesetzen der Kernphysik nicht bestehen. Dabei wird ein Positron und ein Neutrino frei, und es entsteht ein Deuteriumkern. Schließlich fusionieren zwei solcher Deuteriumkerne über einen Zwischenschritt weiter zu Helium (^4He). Wiegt man einen Heliumkern und vier Protonen gegeneinander ab, zeigt sich, dass dem Heliumkern Masse „fehlt". Die Massendifferenz wird während des Fusionsprozesses in Energie

Sternengeburt: Junge Sterne sammeln restliches Material aus ihrer Entstehung in einer Akkretionsscheibe. Ein Teil davon wird als Materiejet in den Raum geblasen und verdrängt das übrige Material in der Umgebung. Bleibt ausreichend Scheibenmaterial übrig, können darin einmal Planeten entstehen.

umgewandelt und als Strahlung freigesetzt. Durch die Kernfusion von Wasserstoff zu Helium wird im Sterninneren so viel Energie erzeugt, dass die Bedingungen für die weitere Fusion erhalten bleiben und der Stern gleichzeitig im hydrodynamischen Gleichgewicht bleibt. Das heißt, dass der Strahlungsdruck im Inneren dem Gravitationsdruck, der durch die eigene Schwerkraft erzeugt wird und nach innen gerichtet ist, entgegenwirkt.

Unsere Sonne wandelt pro Sekunde 564 Millionen Tonnen Wasserstoff in 560 Millionen Tonnen Helium um und erleidet dabei einen Massenverlust von vier Millionen Tonnen. Während ihres zehn

Milliarden Jahre dauernden Lebens werden so 0,1 Prozent ihrer Gesamtmasse in Energie umgewandelt.

Ab einer bestimmten Temperatur im Sterninneren kommen diese Effekte für einen gewissen Prozentsatz an Protonen, also Wasserstoffkernen, zum Tragen. Doch selbst unter den richtigen Temperatur- und Druckbedingungen in ihrem Inneren können etwa zwei Protonen nur sehr selten fusionieren. Der Prozess läuft sehr langsam ab, nur deshalb kann aber auch die Sonne über einen Zeitraum von mehreren Milliarden Jahren beständig leuchten und uns verhältnismäßig gleichmäßig Energie liefern.

Dass die Kernfusion ausgehend von Wasserstoff unter speziellen Umständen, wie sie in massereichen Sternen (mit mehr als 1,5 Sonnenmassen) herrschen, noch über andere Wege abläuft, entdeckten Hans Bethe und Carl Friedrich von Weizsäcker zwischen 1937 und 1939. Hierbei wird Helium über einen Kreislauf aus Kernfusions- und Kernspaltungsprozessen erzeugt, wobei Kohlenstoff als Katalysator dient. Dabei lagern sich nach und nach insgesamt vier Protonen an einen ursprünglichen ^{12}C-Kern an, der sich währenddessen in Kohlenstoff-, Stickstoff- und Sauerstoffisotope umwandelt. Am Ende des Zyklus trifft ein Proton auf einen ^{15}N-Kern, sodass dieser einen ^{4}He-Kern abspaltet (Alpha-Zerfall). Auf diese Weise bleibt wiederum ein ^{12}C-Kern zurück und der Prozess kann von vorne beginnen. Auch bei diesem sogenannten CNO-Zyklus wird die notwendige Energie freigesetzt, um den Stern im Gleichgewicht und am Leuchten zu halten.

Obwohl man verstanden hatte, wie Sterne in ihrem Inneren Energie erzeugen und dabei auch höhere Elemente als Helium entstehen, hielt sich dennoch lange die Vorstellung, dass sämtliche schwereren Elemente in der heute beobachteten Verteilung direkt nach dem Urknall entstanden seien. Das änderte sich erst Ende der 1950er-Jahre.

„It is the Stars, the Stars above us, govern our conditions“ – Dieses Zitat aus King Lear stellten Margaret und Geoffrey Burbidge, William

Fowler und Fred Hoyle ihrer bahnbrechenden Arbeit über die stellare Nukleosynthese, erschienen in der Oktoberausgabe von *Reviews of Modern Physics* 1957, voran. Während Shakespeare diese Aussage wohl im astrologischen Sinn verstanden haben wollte, spielen die vier Astrophysiker darauf an, dass die Elemente in Sternen entstehen und wir daher aus Sternenstaub seien.

Ihr Hauptargument für diese Hypothese: Im Inneren von Sternen findet ohnehin Kernfusion statt, die Bedingungen wären also auch für andere Kernfusionsprozesse günstig. Außerdem mussten die Elemente irgendwie im Kosmos verteilt werden, um zu der beobachteten Häufigkeitsverteilung zu führen. Das geschehe vor allem zum Ende der Sternentwicklung bei Supernova-Explosionen. Wären die Elemente schon beim Urknall entstanden, hätten sie sich zwar ebenfalls im gesamten Universum verteilt, allerdings homogener, als es

Komplexe Moleküle: Mit dem ALMA-Observatorium ließen sich in der Sternentstehungsregion N113 in der großen Magellanschen Wolke Methanol, Methylformiat und Dimethylether nachweisen. Ob sich solche komplexen Moleküle schon im frühen Universum gebildet haben?

die Beobachtungen zeigen. Außerdem sollten sich die Häufigkeiten auch über kosmologische Zeitskalen nicht ändern. Doch auch das widerspricht dem Befund, dass Sterne unterschiedlichen Alters und in verschiedenen Entwicklungsstufen in ihren Spektren verschiedene Elementzusammensetzungen aufweisen.

Wie bereits Gamow entwickelten die Burbidges und ihre Kollegen ihre Theorie der Elementsynthese auf dem Wissen um die Kernphysik, plädierten aber eben für Sterne als geeigneten Entstehungsort der Elemente. Auch wenn sie sich in ihrer Arbeit noch gar nicht endgültig darauf festlegten, lieferten sie mit ihrer Forschung die Grundlage für spätere Arbeiten. Und schließlich lagen sie damit auch richtig.

Sie erkannten auch, dass in Sternen nur Elemente bis Eisen oder Nickel entstehen können, für alle noch schwereren Elemente jedoch andere astrophysikalische Umgebungen notwendig sind. Und auch hierzu lieferte das Team wesentliche Beiträge zum Verständnis der Entstehung noch schwererer Elemente, etwa durch Neutroneneinfang, sowie zu Detailprozessen, die zu den im Kosmos beobachteten Mengenverhältnissen der Elemente führen.

EIN ZWEITES LEBEN

Ist der Wasserstoffvorrat im Sterninnern für die Heliumproduktion aufgebraucht, setzt die nächsthöhere Stufe des Kernbrennens ein. Das Helium fusioniert zu Kohlenstoff, ein Teil davon verschmilzt direkt weiter zu Sauerstoff. Ist auch die Heliumquelle im Inneren versiegt, stagniert je nach Sternmasse die Fusion oder schreitet stufenweise fort. Für sehr massearme Sterne mit weniger als einem Viertel der Sonnenmasse endet der Fusionskreislauf bereits bei Helium. Sonnenähnliche Sterne produzieren Elemente bis Kohlenstoff, und erst Sterne mit 2,5 Sonnenmassen oder mehr bringen noch höhere Elemente hervor. Kohlenstoff verbrennt zu Sauerstoff, dieser dann zu Silizium und letzterer schließlich über Nickel zu Eisen. Hat ein Stern den fusionsfähigen Wasserstoffvorrat in seinem Inneren aufgebraucht, kommt die Fusion zunächst zum Erliegen. Temperatur und damit auch der Druck sinken ab. Der Stern gerät aus dem Gleichgewicht und kann der eigenen Schwerkraft nicht mehr standhalten, sodass er sich zusammenzieht. Dabei heizt sich sein Inneres wieder auf, bis die nächste Stufe der Kernfusion zünden kann und ausreichend Energie liefert, um das Gleichgewicht wiederherzustellen. Während im innersten Kern nun Helium zu Kohlenstoff fusioniert, geht in der an den Heliumkern angrenzenden Region die Wasserstofffusion als sogenanntes Schalenbrennen weiter. Ist auch der Heliumvorrat im Sterninneren verbraucht, erlischt die Fusion und die Temperatur im Sterninneren sinkt erneut; der Stern zieht sich weiter unter seiner eigenen Schwerkraft zusammen, bis es im Inneren so heiß wird, dass der nächste Fusionsprozess einsetzt, und so fort …

Sobald ein Stern die Phase des Wasserstoffbrennens hinter sich gelassen hat, beginnt für ihn auch nach außen hin eine neue Lebensphase. Er leuchtet nicht mehr so beständig wie zuvor. Um die heißeren Temperaturen im Inneren durch das Schalenbrennen auszugleichen, blähen sich die äußeren Schichten auf. Die Sternatmosphäre kühlt ab und erschient roter: Der Stern tritt in seine Rote-Riesen-Phase ein. Dabei geschieht das Aufblähen in vielen Fällen nicht dauerhaft, sondern in einem von den physikalischen Bedingungen des Sterns, vor allem seiner Leuchtkraft, vorgegebenen Rhythmus. In diese Entwicklungsstufe fallen auch die Cepheiden oder andere pulsationsveränderliche Sterne, die sich als Standardkerzen zur Entfernungsmessung einsetzen lassen (siehe Kapitel 7, S. 229, und Kapitel 8, S. 256).

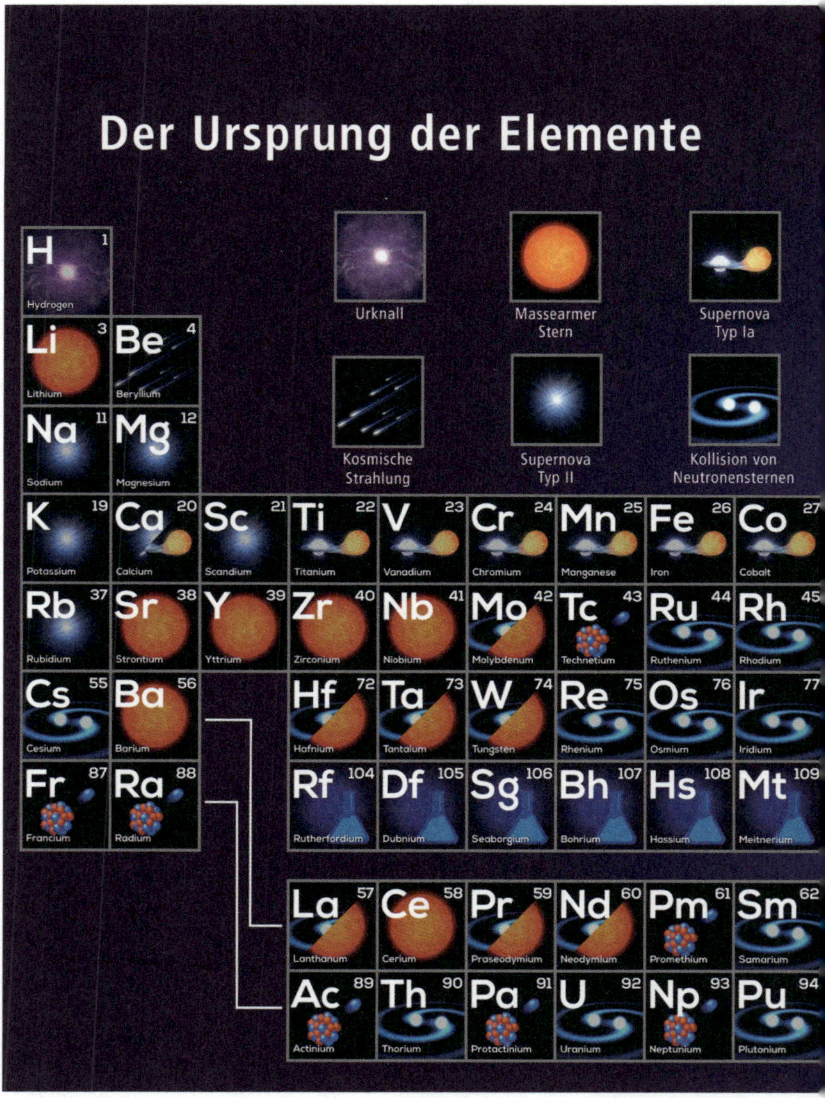

Kosmische Elementeküche: Die meisten chemischen Elemente entstehen in Sternen oder Sternexplosionen. Aus dem Urknall gingen nur Wasserstoff und Helium sowie geringe Mengen Lithium hervor.

Radioaktiver Zerfall
Künstlich hergestellt
He 2 Helium
B 5 Boron
C 6 Carbon
N 7 Nitrogen
O 8 Oxygen
F 9 Fluorine
Ne 10 Neon
Al 13 Aluminum
Si 14 Silicon
P 15 Phosphorus
S 16 Sulfur
Cl 17 Chlorine
Ar 18 Argon
Cu 29 Copper
Zn 30 Zinc
Ga 31 Gallium
Ge 32 Germanium
As 33 Arsenic
Se 34 Selenium
Br 35 Bromine
Kr 36 Krypton
Ag 47 Silver
Cd 48 Cadmium
In 49 Indium
Sn 50 Tin
Sb 51 Antimony
Te 52 Tellurium
I 53 Iodine
Xe 54 Xenon
Au 79 Gold
Hg 80 Mercury
Tl 81 Thallium
Pb 82 Lead
Bi 83 Bismuth
Po 84 Polonium
At 85 Astatine
Rn 86 Radon
Rg 111 Roentgenium
Cn 112 Copernicium
Nh 113 Nihonium
Fl 114 Flerovium
Mc 115 Moscovium
Lv 116 Livermorium
Ts 117 Tennessine
Og 118 Oganesson
Gd 64 Gadolinium
Tb 65 Terbium
Dy 66 Dysprosium
Ho 67 Holmium
Er 68 Erbium
Tm 69 Thulium
Yb 70 Ytterbium
Lu 71 Lutetium
Am 95
Cm 96 Curium
Bk 97 Berkelium
Cf 98 Californium
Es 99 Einsteinium
Fm 100 Fermium
Md 101 Mendelevium
No 102 Nobelium
Lr 103 Lawrencium

PLANETARISCHE NEBEL

Sterne wie die Sonne stoßen nach Ende des Heliumbrennens ihre Hülle recht sachte ab und verteilen mit ihr die Produkte der Kernfusion wie Helium, Sauerstoff und Kohlenstoff weit in den Raum. Der Kern des Sterns dagegen fällt unter seiner eigenen Schwerkraft in sich zusammen, da nun der Druck durch hohe Temperaturen im Gas fehlt. Doch während sich die Kernmaterie immer weiter verdichtet, baut sich ein Gegendruck ganz anderer Natur auf. Nach den Gesetzen der

Schillernder Sternentod: In den abgestoßenen Sternhüllen sonnenähnlicher Sterne leuchten die chemischen Elemente in bunten Farben, die allerdings nur leistungsfähige Teleskope einzufangen vermögen. Die Formenvielfalt dieser planetarischen Nebel kennt keine Grenzen.

Quantenmechanik lassen sich die freien Elektronen im dichten heißen Plasma des Sternüberrests nicht auf einen beliebig engen Raum zusammendrängen. Dieser sogenannte Entartungsdruck hält den weiteren Kollaps schließlich auf. Zurück bleibt ein Weißer Zwergstern aus Sauerstoff und Kohlenstoff.

Mit Oberflächentemperaturen von 25.000 bis 100.000 Grad Kelvin bringen Weiße Zwergsterne die Hüllen ihrer sterbenden Vorgängersterne durch heiße UV-Strahlung in schillernden Farben zum Leuchten. Die energiereiche UV-Strahlung entreißt den Atomen der Gashülle Elektronen und ionisiert sie. Nach einiger Zeit rekombinieren die Atome mit den freien Elektronen und senden je nach chemischem Element und Übergangsniveau Photonen bei einer ganz bestimmten Wellenlänge, also Farbe, aus. Der planetarische Nebel wird als Emissionsnebel sichtbar.

Unter bestimmten Bedingungen können Weiße Zwerge außerdem zu Lieferanten für eine zusätzliche Ladung an Eisen werden, nämlich dann, wenn sie sich in einem Doppelsternsystem mit einem massereicheren Partner befinden. Dadurch kann Materie von diesem auf den Weißen Zwerg überströmen – solange, bis die Grenzmasse von 1,4 Sonnenmassen erreicht ist. Dann steigen Temperatur und Druck auf dem Weißen Zwerg derart, dass er in einer einzigen thermonuklearen Explosion sein Material fusioniert und in einer Supernova in den Raum schleudert. Dabei kann bis zu einer halben Sonnenmasse an Eisen entstehen.

TURBULENTER STERNENTOD

Massereichere Sterne beenden ihre Existenz wesentlich turbulenter. Auch ihre Hülle bläht sich während der fortschreitenden Phase der Kernfusion auf. Dabei verlieren diese massereichen Sterne schon früh einen beachtlichen Teil ihrer Masse in Form von Sternwinden, mit denen sie schwere Elemente in den Raum blasen, die sie in ihrem Inneren durch Kernfusion produziert und durch Umwälzungen in der Sternmaterie nach und nach in die äußeren Schichten befördert haben. In den kühleren Schichten der Sternhüllen und in den Sternwinden finden sich chemische Elemente zu Molekülen wie Silikaten oder Kohlenstoffverbindungen zusammen und bilden sogar Staub – eine wichtige Quelle etwa für die Entstehung von Planeten.

Explosives Doppel: Zieht ein Weißer Zwerg von seinem Partnerstern Materie ab, kann der Druck auf ihn so groß werden, dass er in einer thermonuklearen Supernova explodiert.

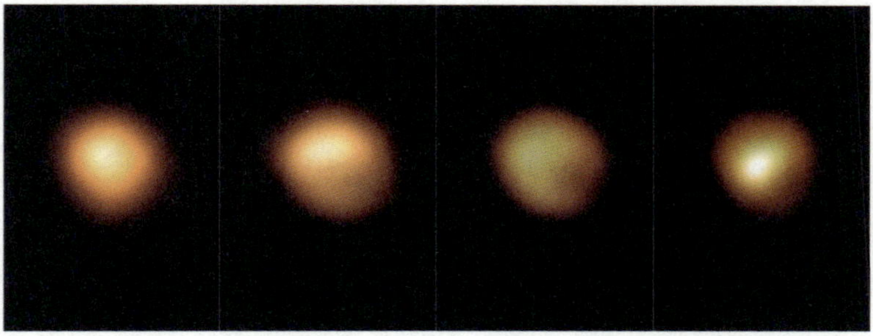

Verblassender Riese: Der Rote Überriesenstern Beteigeuze verdunkelte sich Ende 2019/Anfang 2020 ungewöhnlich stark. Ursache dafür war Staub, der sich in der eigenen Sternhülle gebildet hatte.

Dabei durchlaufen auch massereiche Sterne die Entwicklung von Pulsationsveränderlichen. Doch vor allem zum Ende hin ist ihre Leuchtkraft meist wesentlich unsteter. Besonders massereiche Sterne sind gegen Ende ihres Lebens so sehr von ihrer eigenen abgestoßenen Materie eingehüllt, dass sie, obwohl sie noch Kernfusion betreiben und eigenständig im sichtbaren Licht leuchten, gar nicht mehr zu sehen sind. Dann können Astronomen sie nur noch mit Infrarot-Teleskopen durch die Gas- und Staubhülle beobachten. Andere solcher Riesensterne verdunkeln sich nur vorübergehend in mehr oder weniger regelmäßigen Abständen.

Ein solcher aufgeblähter Roter Überriesenstern findet sich vor unserer kosmischen Haustür: Beteigeuze im Sternbild Orion. Seine Helligkeit ändert sich zeitweise so auffällig, dass sich diese Schwankungen sogar mit bloßem Auge wahrnehmen lassen. Das war sehr eindrucksvoll Ende 2019 bis Anfang 2020 zu beobachten, als eine gigantische Staubwolke, die Beteigeuze ausgestoßen hatte, einen Großteil seines Lichts verschluckte. Je unregelmäßiger diese Helligkeitsschwankungen solcher Überriesensterne werden, desto näher steht der Sternentod bevor, so die Theorie. Wobei das in astronomischen Zeitskalen immer noch einige tausend Jahre oder länger dauern kann.

Schließlich haben auch die massereichen Sterne ihren Fusionsvorrat aufgebraucht und können keine Energie mehr produzieren. Temperatur und Druck im Sterninneren fallen ab und der Stern stürzt in sich zusammen. Bei (Überresten von) Sternen mit mehr als 1,4 Sonnenmassen ist die Schwerkraft so stark, dass ihr auch der Entartungsdruck nichts mehr entgegensetzen kann. Dabei bewirkt die Schwerkraft, dass im Kern des Sterns die Elektronen in die Protonen gepresst werden und die neutrale Materie aus vorwiegend Neutronen so stark verdichtet wird wie die Materie in einem Atomkern. Es entsteht ein Neutronenstern. Nun kann der Sternüberrest dem Kollaps wieder standhalten. Die nachstürzende Materie prallt an dem harten Kern ab und wird explosionsartig in den Raum geschleudert. Der Stern haucht sein Leben als Supernova aus.

NEUTRONENSTERNE

Neutronensterne sind so kompakt, dass sie nur wenige zehn Kilometer im Durchmesser groß sind. Ein zuckerwürfelgroßes Stück ihrer Materie würde auf der Erde eine Milliarde Tonnen wiegen. Der Massenbereich, innerhalb dessen Neutronensterne entstehen können, ist mit 1,4 bis etwa 2,5 Sonnenmassen für den Sternüberrest erstaunlich klein. Die Spannweite für die Ursprungsmasse dieser Sterne ist dabei allerdings wesentlich größer: Sie reicht von etwa acht bis 40 Sonnenmassen. Überschreitet der zurückbleibende Sternenkern die Grenze von etwa drei Sonnenmassen, kann die Kernmaterie dem Gravitationsdruck nicht standhalten und es entsteht ein Schwarzes Loch.

Zwar ist der Hauptbestandteil der Materie in Neutronensternen ungeladen, doch an ihrer Oberfläche bestehen noch geladene Teilchen wie Protonen, Ionen anderer Atomkerne und Elektronen. Außerdem besitzen sie ein extrem starkes Magnetfeld, das sie, wie den Dreh-

Leuchttürme im All: Die Materie in Neutronensternen ist so dicht gepackt wie in einem Atomkern. Sie rotieren mit einer Periode von Millisekunden bis Sekunden und sind oft als Pulsar sichtbar.

impuls auch, von ihrem Vorgängerstern geerbt haben. Da der Neutronenstern nun so viel kompakter ist, ist sein Magnetfeld typischerweise um 10^{10} Größenordnungen stärker als auf seinem Vorläuferstern, und er rotiert entsprechend schneller, und zwar mit Perioden von einigen Millisekunden bis Sekunden.

Entlang der Magnetfeldachsen werden geladene Teilchen von der Sternoberfläche auf extrem hohe Energien beschleunigt und senden dabei elektromagnetische Strahlung vom Radio- bis in den Röntgenbereich in einem Lichtkegel entlang der Magnetfeldachse aus. Da die Magnetfeldachse für gewöhnlich gegenüber der Rotationsachse des Neutronensterns geneigt ist, durchstreicht der Strahlungskegel den Raum wie ein kosmischer Leuchtturm.

So werden diese kompakten Sternleichen als sogenannte Pulsare sichtbar. Theoretisch bereits in den 1930er-Jahren vorhergesagt, entdeckte die Radioastronomin und Doktorandin Jocelyn Bell das erste dieser Objekte 1967 rein zufällig, während sie am Mullard Radio

Astronomy Observatory eigentlich nach Quasaren suchte. In ihren Daten stieß sie auf unerwartete Signale, die sich in regelmäßigen Abständen wiederholten. Nachdem Bell und ihr Doktorvater Antony Hewish (1924–2021) einen irdischen Ursprung ausschließen konnten, vermuteten sie und ihre Kollegen in der 1968 in *Nature* publizierten Arbeit, dass die Signale von Weißen Zwergen oder eben kompakten Neutronensternen stammten könnten. Mit letzterer Annahme hatten sie richtig gelegen. Dafür erhielten Antony Hewish und der Radioastronom Martin Ryle (1918–1984) im Jahr 1974 den Nobelpreis für Physik; die eigentliche Entdeckerin des ersten, als Pulsar sichtbaren Neutronensterns wurde bei der Ehrung nicht bedacht.

Und noch ein weiteres Mal boten Pulsare Anlass für einen Nobelpreis. Just im Jahr 1974 entdeckten die beiden Astrophysiker Russell A. Hulse und Joseph A. Taylor den Doppelpulsar PSR 1913+16. Als sie das Doppelsystem über mehrere Jahre hinweg beobachteten, zeigte sich, dass sich die Umlaufperiode mit der Zeit immer mehr verkürzte. Die Neutronensterne bewegten sich also aufeinander zu und verloren Energie. Der errechnete Energieverlust entsprach genau jenem Wert, den die Allgemeine Relativitätstheorie für die Abstrahlung von Gravitationswellen vorhersagt. Damit war den beiden Forschern der erste indirekte Nachweis von Gravitationswellen gelungen. Für ihre Entdeckung erhielten sie 1993 den Nobelpreis für Physik.

KOSMISCHE GOLDGRUBE

Ein gewaltsamer Sternentod liefert auch erst die Bedingungen für kernphysikalische Prozesse, in denen Elemente schwerer als Eisen oder Nickel entstehen können. Teilweise geschieht dies bereits als Nebenreaktion während der eigentlichen Kernfusion im Sterninneren. In größerem Umfang laufen diese Prozesse aber erst ab, wenn ein entsprechend massereicher Stern sein Leben in einer Supernova-Explosion beendet. Dabei wird zugleich ein Großteil der schweren Elemente, die im Stern produziert wurden, und solche, die bei der Supernova entstehen, in den Raum geschleudert und stehen dann für den weiteren Kreislauf der Stern- und Planetenentstehung zur Verfügung.

Für diese höheren Elemente spielt die Isotopenbildung durch Protonen- und Neutroneneinfang eine wesentliche Rolle. Dabei lässt

Supernova-Überrest: Die Überreste von Sternexplosionen erscheinen in Aufnahmen als farbenfrohe blasenartige Gebilde, deren zerrissene, filamentartige Struktur von ihrer explosiven Vergangenheit zeugt. Sie verteilen die in der Supernova entstandenen Elemente im All. Das bekannteste dieser Objekte, der Krebsnebel (M 1), befindet sich im Sternbild Stier in einer Entfernung von 6500 Lichtjahren und besitzt einen Durchmesser von elf Lichtjahren.

Aufgeheizt: Im Zentrum des Krebsnebels blieb ein kompakter Neutronenstern erhalten, der als Pulsar sichtbar ist. Er ist der einzige seiner Art, dessen Alter exakt bekannt ist. So dient er als Referenzobjekt für Entwicklungsmodelle dieses Sterntyps und bringt auch den Krebsnebel zum Leuchten: In seinem starken Magnetfeld werden Elektronen auf hohe Geschwindigkeiten beschleunigt und senden dabei Strahlung im Röntgen-, sichtbaren und Radiobereich aus.

sich zwischen dem s-Prozess, dem langsamen Neutroneneinfang (s steht für engl.: „slow“), und dem r-Prozess, dem schnellen Neutroneneinfang (r steht für engl.: „rapid“), unterscheiden. Diese beiden Prozesse treten unter unterschiedlichen physikalischen Randbedingungen auf.

Der s-Prozess findet bereits in den Endstadien von gewöhnlichen Sternen zwischen einer und zehn Sonnenmassen statt. Der r-Prozess hingegen, davon ging man lange aus, würde unter den Bedingungen von Supernova-Explosionen ablaufen. Vor wenigen Jahren stellte sich allerdings heraus, dass Supernova-Explosionen offensichtlich nicht den Hauptanteil der durch diesen Prozess produzierten schwereren Elemente beisteuerten. Anhaltspunkt dafür gaben Beobachtungen in der Begleitgalaxie Reticulum II der Milchstraße. Die chemische Zusammensetzung der Sterne in dieser Galaxie deutete darauf hin, dass nicht Supernova-Explosionen, sondern Verschmelzungen von Neutronensternen den größten Beitrag zur Produktion von Elementen wie Gold oder Platin beisteuerten. Diese Vermutung wurde durch verschiedene Simulationen und Beobachtungen untermauert, als die LIGO-Kollaboration im August 2017 erstmals die Verschmelzung zweier Neutronensterne anhand von Gravitations-

Neutronensternkollision: Die schwersten Elemente wie Edelmetalle können in größeren Mengen erst in Kollisionen von Neutronensternen entstehen.

Kilo-Nova: Am 17. August 2017 detektierte das LIGO-Netzwerk erstmals Gravitationswellen von einer Kollision zweier Neutronensterne. Sie ereignete sich in der 130 Millionen Lichtjahre entfernten Galaxie NGC 4993 und war auch als Kilo-Nova mit dem Hubble Space Telescope zu sehen.

wellen sowie über einen breiten Bereich des elektromagnetischen Spektrums beobachtete. Die Messungen passten gut zu den Vorhersagen der Modelle, dass verschmelzende Neutronensterne der dominierende Lieferant für Silber, Gold und Platin und noch schwerere Elemente im Universum sind. Das Gold einer Olympiamedaille oder einer Zahnfüllung oder ein Teil des Eisens in unserem Blut entsteht also, wenn Sterne noch einmal einen zweiten Tod sterben.

STERNENTSTEHUNG HEUTE

Während wir über die Sternentstehung im frühen Universum unsere Schlüsse aus Modellrechnungen ziehen müssen, können wir in unserer Milchstraße direkt zusehen, wie sich heute Sterne bilden. Hier sind die Vorläufer solcher Sternentstehungsregionen weitläufige, ausgedünnte kalte Regionen interstellarer Materie aus Gas und Staub, die sich in sternarmen Gebieten der Spiralarme unserer Galaxis ansammeln. Anders als im frühen Universum ist die Materie dort wesentlich verdünnter und kälter: Mit Temperaturen von nur drei bis zehn Kelvin sind es die kältesten Orte im Universum überhaupt.

Bei solch niedrigen Temperaturen ist der Gasdruck gering genug, sodass diese Wolken irgendwann unter ihrer eigenen Schwerkraft in sich zusammenstürzen können und Sterne formen. Wären sie wärmer, würde der thermische Druck die hochverdünnte Materie auseinandertreiben. Dennoch muss das Material zunächst eine kritische Dichte erreichen, damit die Materiewolke kollabieren kann. Die Teilchendichte der kalten interstellaren Materie liegt mit 80 bis 50.000 Teilchen pro Kubikzentimeter je nach Temperatur bereits nahe an dieser kritischen Dichte. Vermutlich tragen Turbulenzbewegungen in diesen Wolken dazu bei, dass die Gasmassen diese kritische Dichte erreichen. Auch deuten Beobachtungen darauf hin, dass äußere Einflüsse wie Sternwinde oder von Supernova-Explosionen ausgehende Stoßwellen das Wolkenmaterial verdichten und so großräumig Sternentstehung auslösen.

Ist die kritische Dichte in einem Wolkengebiet erst einmal erreicht, zerfällt es in kleinere Teilbereiche, die schließlich zu Wolkenkernen kollabieren. So entstehen stets mehrere Sterne auf einmal. Diese Prozesse finden meist im Verborgenen statt, wenn größere Staub- und Gasansammlungen den Blick im sichtbaren Licht in die Sternentstehungsregion verwehren. Dort geben Infrarot- oder Mikrowellen-

Galaxienskelett: Der Infrarotblick des James Webb Space Telescope auf die 29 Millionen Lichtjahre entfernte Galaxie IC 5332 legt überraschende Strukturen frei. In der Scheibenebene scheint der kalte Staub als filigranes Muster verteilt, in dem sich blasenartige Freiräume auftun, möglicherweise geformt durch Supernova-Explosionen, die das Material verdichten und schließlich Sternentstehung auslösen.

observatorien die Sicht auf Sternembryos frei. Haben sich bereits die ersten jungen Sterne gebildet, treten solche Regionen oft als leuchtende Emissionsnebel hervor.

Mit ihrem hohen Anteil an UV-Strahlung entreißt die heiße Strahlung der jungen Sterne den Wasserstoffatomen der sie umhüllenden Wolke ihre Elektronen: Sie ionisieren den Nebel (Photoionisation). Nach einiger Zeit fangen die Atome die Elektronen wieder ein: Sie rekombinieren. Die Elektronen fallen dann schrittweise, nach einem festgelegten Muster der Quantenphysik, in ihren ursprünglichen Energiezustand in der Atomhülle zurück. Dabei senden sie Licht aus, unter anderem bei einer für Wasserstoff charakteristischen Wellenlänge von 656,3 Nanometern: Das Gas leuchtet als rötlicher Emissionsnebel. Der Orion-Nebel etwa, das bekannteste und uns in einer Entfernung von 1334 Lichtjahren nächstgelegene Sternentstehungsgebiet, enthält neben Wasserstoff zehn Prozent Helium, zudem Spuren von Sauerstoff, Kohlenstoff, Schwefel, Argon und Magnesium. Werden die Atome dieser Elemente ebenfalls ionisiert und rekombi-

Bunter Orion-Nebel: Für diese Aufnahme des Orion-Nebels hat das Instrument MUSE am Very Large Telescope der ESO das Licht der Region in seine Spektralbereiche aufgespalten. So treten die chemischen Komponenten noch einmal prominenter hervor.

nieren, mischen sich im Emissionsnebel für sie charakteristische Farben, etwa blau von Helium oder grün von Sauerstoff, dazu. Außerdem sind etwa ein Prozent Staub aus Silikat- und Kohlenstoffpartikeln untergemischt. In dichteren Regionen verdeckt dieser Staub das Licht dahinterliegender Sterne und gibt sich als sogenannte Dunkelwolke zu erkennen.

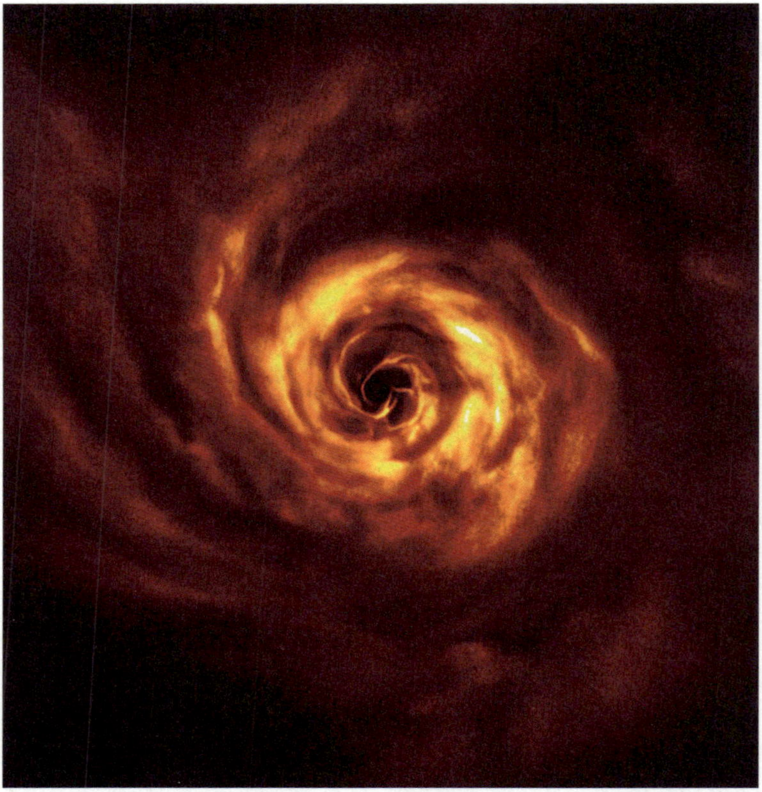

Planetenentstehung: Unregelmäßigkeiten in der Akkretionsscheibe um den Stern AB Aurigae im Sternbild Fuhrmann, aufgenommen mit dem Very Large Telescope (VLT) der ESO in Chile, lassen auf einen gerade entstehenden Planeten inmitten der Scheibe schließen, der Material aus seiner Umgebung aufsammelt.

Stellare Kinderstube: Im Orion-Nebel sind zahlreiche Protosterne eingebettet, die ihrerseits noch von Hüllen aus Gas und Staub umgeben sind. Einige von ihnen besitzen auch eine protoplanetare Scheibe. Diese Aufnahme des HST wurde unter dem Titel „Proplyds" bekannt.

HAUFENWEISE STERNE

Davon, dass Sterne in Gruppen entstehen, zeugen auch heute noch offene Sternhaufen, deren Mitglieder einst aus einer gemeinsamen Mutterwolke entstanden sind. Sie bewegen sich noch einige hundert Millionen Jahre gemeinsam durch den Raum. Doch mit der Zeit verlieren die Sterne ihre gravitative Bindung untereinander und ziehen ihre eigenen Bahnen, denn mit einigen hundert bis wenigen tausend Mitgliedern reicht die Schwerkraft offener Haufen nicht aus, um sie dauerhaft zusammenzuhalten. Wie eigentlich alle offenen Sternhaufen liegen auch die aus dem Sternbild Perseus bekannten offenen Haufen NGC 869 und NGC 884 in der Scheibenebene der Milchstraße. Solche Sternassoziationen enthalten verhältnismäßig junge Sterne. Die beiden offenen Haufen im Perseus bewegen sich mit ähnlichen Geschwindigkeiten, es sind etwa 40 Kilometer pro Sekunde, auf uns zu – allerdings in sicherem Abstand. NGC 884 ist 7600 Lichtjahre von uns entfernt, NCG 869 ist mit 6700 Lichtjahren ein wenig näher.

Eines der uns nächsten Objekte sind die Plejaden im Sternbild Stier in einer Entfernung von 440 Lichtjahren, auch als Siebengestirn bekannt. Dieser offene Sternhaufen umfasst rund 1000 Mitglieder. In fotografischen Aufnahmen erscheinen die hellsten Sterne der Plejaden von einem weiß-bläulich schimmernden Nebel aus Staub umgeben, der das Licht der heißen Sterne reflektiert. Anders als lange Zeit angenommen, handelt es sich bei diesem Material allerdings nicht um Reste der Geburtswolke, aus denen der Sternhaufen entstanden ist,

Stellare Jugendgruppe: Die Mitglieder der offenen Sternhaufen NGC 869 und NGC 884 sind jeweils aus einer gemeinsamen Mutterwolke hervorgegangen. Noch ziehen sie zusammen durch die Scheibenebene der Galaxis.

sondern schlicht um interstellare Materie, die die Sternansammlung derzeit auf ihrem Weg durchs All durchquert.

Verglichen mit offenen Sternhaufen sind Kugelsternhaufen gewissermaßen die stellaren Seniorenheime. Sie besitzen mit gut 100.000 Sternen wesentlich mehr Mitglieder und sind damit so massereich, dass sie gewissermaßen für immer über die Schwerkraft aneinander gebunden bleiben. Kugelsternhaufen halten sich im Halo der Milchstraße oder auch anderer Galaxien wie der Andromeda-Galaxie auf und gehören einer früheren Generation an als die Sterne in der galaktischen Scheibe. Mitte der 1940er-Jahre teilte der deutsche Astrophysiker Walter Baade (1893–1960) die Sterne anhand ihrer Elementhäufigkeit in verschiedene Populationen ein. Jene mit einem niedrigen Anteil an schwereren Elementen gehören der Population II

Sieben stellare Schwestern: Die Plejaden sind ein offener Sternhaufen, dessen hellste Sterne auch gut für das menschliche Auge sichtbar sind. Da einige dieser Sterne ihre Helligkeit ändern, lassen sich je nach Stadium zwischen sechs und neun Sternen erkennen. In dieser Aufnahme ist zu sehen, wie die hellen Sterne den Staub in ihrer Umgebung ausleuchten.

Sterne im Seniorenheim: Kugelsternhaufen enthalten einige 100.000 Sterne, die durch ihre Schwerkraft dauerhaft gebunden sind. Besonders beeindruckend ist das Objekt Omega Centauri, das von der Südhalbkugel aus bereits mit bloßem Auge als Nebelfleckchen zu sehen ist.

an, solche, die über eine höhere Konzentration an schweren Elementen verfügen, der Population I. Die metallarmen Sterne der Population II finden sich vor allem im Halo unserer Galaxis, eingebunden in Kugelsternhaufen und in der Verdickung um das Zentrum herum, wobei letztere bereits etwas mehr an Elementen schwerer als Helium enthalten als die Halo-Sterne. Die Sterne in der galaktischen Scheibe und den Spiralarmen dagegen zählen zur Population I.

ALTERSREKORDE UNTER STERNEN

Während die allerersten Sterne sehr massereich waren, änderte sich das in der nächsten Generation ein wenig. Auch unter ihnen gab es noch Schwergewichte, doch viele waren wesentlich masseärmer. Ganz offensichtlich scheint es ein relativ universelles Gesetz zu geben, nach dem in einer wie auch immer gearteten kosmischen Umgebung stets wenige sehr massereiche Sterne entstehen, dagegen die Sterne mit geringer werdender Masse zunehmend zahlreicher sind. Dabei ist es im Wesentlichen die obere Massengrenze, die durch die Bedingungen wie im frühen Universum oder andernfalls zu späteren Epochen oder eben heute bestimmt wird.

Eine weitere universell gültige Gesetzmäßigkeit zeigt, dass sich die Länge eines Sternenlebens im Wesentlichen nach seiner Masse bemisst. Je kleiner diese ist, desto länger wird das Sternenleben dauern. In der weiteren Entwicklung des Universums wird auch der Anteil an schwereren Elementen die Lebensdauer von Sternen beeinflussen, doch dieser Beitrag ist im Vergleich zu jenem der Masse gering. So leben etwa Sterne mit 30 Sonnenmassen elf Millionen Jahre, solche mit drei Sonnenmassen 370 Millionen Jahre, die Sonne rund zehn Milliarden Jahre und Zwergsterne mit nur 0,1 Sonnenmassen 1000 Milliarden Jahre. Anders als die besonders massereichen Sterne sind die masseärmeren aus dem frühen Universum bei weitem nicht so schnell erloschen. Daher existieren tatsächlich die massesärmsten Sterne aus der zweiten Generation noch heute.

In der Milchstraße kennen wir heute über 40 solcher Sterne mit rund 0,8 Sonnenmassen, die vor 13,2 Milliarden Jahren oder noch früher entstanden sind. Die ältesten darunter werden auf 13,6 bis 13,8 Milliarden Jahre zurückdatiert. Das scheint paradoxerweise älter als das Universum zu sein, doch ist hier die Messungenauigkeit entsprechend groß. Die meisten dieser Sterne treffen wir entweder im

Halo der Milchstraße oder in der inneren Region, der Verdickung, auch Bulge genannt, an, die dichter mit Sternen bestückt ist als die restliche Scheibe.

Einige wenige dieser ältesten Sterne scheinen komplett eisenfrei zu sein, dennoch zeigen sie Spuren einer Sterngeneration, die bereits vor ihnen das Urmaterial fusioniert hat. Die meisten übrigen alten Sterne, die sich beobachten lassen, sind aber bereits mit Spuren von Eisen angereichert.

Die allerersten Sterne können wir nicht mehr beobachten, denn derart massereiche Sterne sind wesentlich kurzlebiger als die Sonne und beenden ihre Leben bereits nach einigen Millionen Jahren. Vor allem die besonders massereichen unter ihnen sterben, ohne großes Aufsehen zu erregen, und verschwinden vollständig in einem Schwarzen Loch. Dieses besitzt dann ähnlich viel Masse wie der ursprüngliche Stern. Auf diese Weise waren diese extrem massereichen ersten Sterne vermutlich maßgebend für die weitere Entwicklung von Galaxien (siehe Kapitel 4, S. 149 ff.).

Die Sterne mit etwas weniger Masse, also wenigen hundert Sonnenmassen, sind vermutlich in einer Supernova explodiert und haben dabei ihre gesamte Materie in den Raum hinausgeschleudert. Auf diese Weise haben sich die ersten schwereren Elemente unter den Wasserstoff gemischt.

Aus verschiedenen indirekten Messungen weiß man, dass die Sterne in den frühesten Galaxien schon relativ weit entwickelt sind. Diese Galaxien sind den heutigen sehr ähnlich, wenn auch viel kleiner und kompakter. Aber aus der chemischen Zusammensetzung der Sterne darin lässt sich schließen, dass es auch dort schon eine frühere Population von Sternen gegeben haben muss.

Gelinster Stern: Dank des Gravitationslinseneffekts hat das Hubble Space Telescope das Licht des am weitesten entfernten einzelnen Sterns eingefangen. Seine Mehrfach-Abbilder reihen sich entlang einer schwachen roten, gebogenen Linie auf. Das Licht dieses Sterns war 12,1 Milliarden Jahre zu uns unterwegs. Es stammt aus einer Zeit, als das Universum etwa 900 Millionen Jahre alt war.

KAPITEL 6

DIE EVOLUTION DER GALAXIEN

Warum die Milchstraße vielleicht früher ein Quasar war und auch heute noch Sternenraub betreibt

Kosmisches Quintett: Als Stephans Quintett bekannt, steht dieses Galaxienensemble im Sternbild Pegasus. Die vier größeren Galaxien befinden sich in einer Entfernung von 300 Millionen Lichtjahren und sind sich räumlich so nahe, dass sie miteinander wechselwirken. Die Galaxie oben links im Bild ist bei dem kosmischen Tanz der Schwerkraft außen vor. Sie steht bei einer Entfernung von 40 Millionen Lichtjahren im Vordergrund.

Auf kosmischen Skalen geht das Werden und Vergehen von Sternen stets mit der Entwicklung von Galaxien einher und umgekehrt. Das war im frühen Universum so und ist es auch heute nach wie vor. Dabei spielt nicht nur die unmittelbare Umgebung einer Sternentstehungsregion eine Rolle, sondern erstaunlicherweise auch, wie groß die Gesamtmasse einer Galaxie ist und wie viel Masse ihr zentrales Schwarzes Loch besitzt. Warum das so ist, ist allerdings keinesfalls offensichtlich.

Unterschiedliche Studien aus den letzten Dekaden haben ergeben, dass sämtliche Galaxien ab einer bestimmten Masse ein Schwarzes Loch in ihrem Zentrum beherbergen, das mehrere Millionen bis einige Milliarden Sonnenmassen umfasst. Dabei ist die Masse des Schwarzen Lochs umso größer, je massereicher auch die Galaxie ist. Nicht alle diese Galaxienzentren sind derart aktiv, dass sie leuchtstarke Materiejets, wie Quasare es tun, in den Raum schicken und dadurch über große Distanzen sichtbar sind. Das beste Indiz für ein solches zentrales Schwarzes Loch ist nach wie vor eine aufgeheizte Akkretionsscheibe, die – je nachdem wie viel Materie das Schwarze Loch gerade aus seiner Umgebung aufsammelt – mehr oder weniger stark vom Infraroten bis in den Röntgenbereich leuchtet.

Doch obwohl diese aktiven Galaxienkerne auch an sich recht hell sind, lassen sie sich nicht immer gut beobachten. Gerade im frühen Universum entstehen in ihrer Umgebung vermehrt Sterne, und dabei werden große Mengen Staub produziert, der die sonst hellen Galaxienkerne verdeckt. Computermodelle zeigen, dass rund 75 Prozent der akkretierenden Schwarzen Löcher in aktiven Galaxienkernen verborgen sind und daher lange übersehen wurden. Der Staub absorbiert einen Großteil der Strahlung im UV- bis in den niederenergetischen Röntgenbereich und strahlt sie im Infraroten wieder ab. So wird ein Großteil der energiereichen Akkretionsstrahlung im Universum in Infrarotstrahlung umgewandelt.

Das All im Röntgenblick: Rund eine Million Röntgenquellen enthält die neue Himmelskarte, die das Röntgenteleskop eRosita aufgezeichnet hat. Die meisten davon sind ferne Quasare oder aktive Galaxien. Im Vordergrund zeichnen sich oberhalb und unterhalb der galaktischen Ebene, die horizontal durch die Bildmitte verläuft, blasenartige Strukturen ab. Sie künden von der letzten aktiven Phase des zentralen Schwarzen Lochs in der Milchstraße vor 2,5 Millionen Jahren.

Viele der Galaxienkerne könnten aber auch einfach zu leuchtschwach sein, um sich mit den bisher verfügbaren Mitteln beobachten zu lassen. Auch hier wird sicherlich das James Webb Space Telescope in den nächsten Jahren einiges an neuer Erkenntnis bringen und auch gewöhnlichere, weniger aktive Galaxien bei großen Rotverschiebungen auffinden.

Im Grunde sind aber Durchmusterungen, die unterschiedliche Bereiche des elektromagnetischen Spektrums abdecken, am aufschlussreichsten. So verzeichnete beispielsweise das 2019 gestartete Röntgen-Weltraumteleskop eRosita (extended Roentgen Survey with an Imaging Telescope Array) in seiner 2020 veröffentlichten Himmelskarte etwa eine halbe Million neue Röntgenquellen, von denen ein Großteil wachsende Schwarze Löcher in den Kernen von aktiven Galaxien oder Quasaren sind.

Aufgeblasen: Bereits 2010 entdeckte das Fermi-Observatorium die blasenartigen Strukturen, die aus der Scheibe der Milchstraße herausragen, im Gammalicht. Außerdem zeigt sie sich in archivierten Daten des ROSAT-Satelliten und in Mikrowellenbeobachtungen.

Auch wenn die besonders leuchtkräftigen Quasare eher selten sind, zeigen Beobachtungen doch, dass sie zu einer bestimmten Epoche im Universum gehäuft auftreten, und zwar bei Rotverschiebungen von zwei bis drei. Man geht davon aus, dass die meisten Galaxien dieses Entwicklungsstadium durchlaufen haben und diese Objekte im Wesentlichen eine Stufe in der Galaxienentwicklung ausmachen. Allerdings heißt das nicht, dass ein Quasar oder eine aktive Galaxie, wenn sie einmal „erlischt", das für immer ist. Manche dieser Objekte können auch später noch einmal aktiv werden, wenn erneut hinreichend viel Materie auf die Akkretionsscheibe um das Schwarze Loch einstürzt.

Generell scheint dann der Materiezustrom in das Schwarze Loch nach etwa 100 Millionen Jahren zu versiegen und die Galaxie nimmt wieder eine gewöhnliche Leuchtkraft an. Vermutlich war auch unsere Milchstraße in langer Vorzeit einmal ein Quasar und könnte sich in ferner Zukunft (noch einmal) in einen solchen verwandeln, wenn sie mit der Andromeda-Galaxie aufeinandertrifft und das Schwarze Loch in ihrem Zentrum ausreichend Nachschub erhält.

Darauf, dass das Schwarze Loch in ihrem Zentrum in kosmisch jüngerer Zeit noch einmal aktiv war, deuten Beobachtungen mit dem Gammateleskop Fermi und dem Röntgenteleskop eRosita hin: Ausgehend von der Zentralregion ragen oberhalb und unterhalb der galaktischen Scheibe heiße Gasblasen 25.000 Lichtjahre weit in den Raum, die im Gamma- und Röntgenlicht sichtbar sind. Diese Strukturen ließen sich übrigens auch in archivierten Daten des Röntgensatelliten ROSAT sowie in Aufnahmen der WMAP-Sonde (Wilkinson Microwave Anisotropy Probe) und des Planck-Weltraumteleskops im Mikrowellenbereich nachweisen.

Die neuesten Modellrechnungen in einer im März 2022 in der Fachzeitschrift *Nature* veröffentlichten Studie haben ergeben, dass diese Blasen vor 2,5 Millionen Jahren entstanden sind, als das zentrale Schwarze Loch über einen Zeitraum von 100.000 Jahren größere Materiemengen aus seiner Umgebung aufgesammelt und einen Teil davon aus der Akkretionsscheibe als Materiejets zurück in den Raum geschleudert hat. Diese Jets haben das Material in der Umgebung aufgeheizt und die heute noch sichtbaren Blasenstrukturen geformt.

STERNENTSTEHUNG IM UMFELD VON GALAXIEN

Beobachtungen legen nahe, dass das Wachstum von (extrem massereichen) Schwarzen Löchern in Galaxienkernen und verstärkte Sternentstehung zeitlich miteinander einhergehen. Vermutlich findet beides sogar in denselben Galaxien statt. Doch wie dieser Zusammenhang zustande kommt, ist noch nicht gut verstanden. Da gerade Quasare in besonders dichten Regionen entstehen, können sie dort zunächst auch weiterhin noch Materie aufsammeln, die dann nicht nur das zentrale Schwarze Loch beliefert, sondern auch zur Sternentstehung zur Verfügung steht. Wenn der Materienachschub von außen versiegt, schwindet einerseits die Leuchtkraft des Quasars, andererseits nimmt auch die Sternentstehung ab. Andererseits gibt das Schwarze Loch, während es wächst und der Galaxienkern als Quasar aktiv ist, die meiste Strahlung ab. Außerdem schleudert es dann größere Materiemengen in Form von Jets in den Raum. Diese Prozesse sollten, so die Erwartung, die Sternentstehung eher ausbremsen oder gar zum Erliegen bringen. Das zeigen auch Berechnungen der Illustris-Simulation. Bei weniger aktiven Galaxien scheint auch die Halomasse einen Einfluss auf die Galaxienentwicklung zu haben. Vermutlich zieht die Galaxie nicht mehr genug Materie an, wenn die Halomasse zu groß ist. Dann bleibt auch der Nachschub an Gas für die Sternentstehung aus. Darüber hinaus scheinen die Sterne einer Galaxie offensichtlich über das Schwarze Loch im Zentrum und über dessen Masse auch anderweitig „Bescheid" zu wissen und mit ihren Bewegungen auf die Masse des Schwarzen Lochs in irgendeiner Weise zu reagieren. Doch direkt lässt sich das nicht erklären, da der Einflussbereich Schwarzer Löcher nur von einigen bis einigen hundert Lichtjahren reicht und die Sterne in weiter entfernten Regionen, etwa bei einigen tausend bis zehntausenden Lichtjahren, in der Galaxie deren außergewöhnlichen gravitativen Einfluss also gar nicht direkt zu spüren bekommen sollten.

Nadine Neumayer vom Max-Planck-Institut für Astronomie sieht die Ursache dafür in der Entwicklungsgeschichte der Galaxien. Dabei werde in irgendeiner Weise das Wachstum des Schwarzen Lochs über die Masse der Galaxie vermittelt: Wenn Galaxien wachsen, indem zunächst kleinere zu größeren miteinander verschmelzen, vereinigen sich auch die Schwarzen Löcher aus den Zentren der Ursprungsgalaxien zu einem neuen, massereicheren zentralen Schwarzen Loch.

Dabei finden sich die größeren, massereicheren Objekte an Schwarzen Löchern und Sternen eher im Zentrum der neuen Galaxie zusammen, während sich die masseärmeren weitläufiger in den äußeren Regionen verteilen.

STARBURST-GALAXIEN

In fernen Galaxien machen sich Sternentstehungsgebiete durch verstärkte UV-Strahlung, häufig aber auch durch übermäßige Infrarotstrahlung bemerkbar. Denn zum einen sind gerade junge, massereiche Sterne sehr heiß und leuchten besonders hell im UV-Licht. Zum anderen ist die Materie in diesen Sternentstehungsgebieten

Staubige Angelegenheit: Die Galaxie M 82 ist wegen ihres Erscheinungsbilds auch als „Zigarrengalaxie" bekannt. Durch Einfluss der Galaxie M 81 in ihrer Nachbarschaft entstehen in ihrem Zentrum zehnmal mehr Sterne als in der Milchstraße. Das UV-Licht der jungen heißen Sterne wird durch Staub absorbiert und im Infraroten wieder abgestrahlt. In dieser Aufnahme sind Beobachtungen aus dem Infraroten (rot) und Optischen überlagert.

Starburst 1: Die Galaxie NGC 1569 produziert 100-mal schneller Sterne als die Milchstraße, und das schon seit fast 100 Millionen Jahren. Vermutlich löst auch hier die gravitative Wechselwirkung mit einer Galaxie in der Nähe den Starburst aus. NGC 1569 befindet sich in einer Entfernung von elf Millionen Lichtjahren; abgebildet ist hier ihr Zentralbereich.

stark mit Staub vermischt; dieser absorbiert die UV-Strahlung der jungen Sterne nahezu vollständig und strahlt dann selbst wieder im Infraroten ab.

Interessanterweise scheinen solche Starburst-Galaxien in einer bestimmten Epoche im Universum gehäuft aufzutreten, und zwar bei einer Rotverschiebung von mehr als zwei beziehungsweise in einer Zeit vor mehr als zehn Milliarden Jahren. Das fällt in jene Epoche, zu der auch vermehrt Quasare auftreten. Es scheint sich also auch hier irgendein Zusammenhang zwischen dem aktiven massereichen Schwarzen Loch in den Zentren von Galaxien und der Sternentstehung und -entwicklung anzudeuten. In diesen Starburst-Galaxien ist die Sternentstehungsrate 1000-mal höher als in der heutigen Milchstraße, in der im Mittel nur noch einige wenige Sterne pro Jahr entstehen.

Starburst 2: In einer Entfernung von 60 Millionen Lichtjahren treffen die Galaxien NGC 4038 und NGC 4039, auch bekannt als „Antennengalaxien", aufeinander. Dabei stoßen einzelne Sterne zwar selten zusammen, aber die interstellare Materie verdichtet sich stoßwellenartig, sodass vermehrt Sterne entstehen.

Starburst 3: Die Galaxie M 61 präsentiert sich uns majestätisch in ihrer gesamten „Fläche“. In ihren Spiralarmen leuchten zahlreiche Regionen hell im Roten auf: Anzeichen fulminanter Sternentstehung. Diese Aufnahme des Hubble Space Telescope ist um spektroskopische Beobachtungen des Very Large Telescope der ESO ergänzt.

Ähnlich wie bei der Quasarphase geht man davon aus, dass alle Galaxien einmal ein solches Starburst-Stadium durchlaufen haben, in dem ein Großteil der Sterne einer jeden Galaxie entstanden sein dürfte. Welche physikalischen Prozesse einen solchen Schub an Sternentstehung auslösen, ist allerdings noch nicht gut verstanden. Ein wichtiger Auslöser könnten Galaxienkollisionen und das Verschmelzen von Galaxien sein – Ereignisse, die sich vor allem in größeren Entfernungen, also in der kosmischen Vergangenheit, abgespielt haben. Dabei verdichten sich Gasmassen in den Galaxien gegenseitig durch Stoßwellen, sodass an den Stoßfronten Sternentstehung in Gang gesetzt wird. Auch in speziellen Spiralgalaxien mit einer balkenartigen Materieverdichtung in der Mitte entstehen vermehrt Sterne.

Dabei scheinen Starbursts in einer grundlegenden Angelegenheit bei der Sternentstehung aus der Reihe zu tanzen: Für gewöhnlich entstehen im Verhältnis nur wenige sehr massereiche Sterne, solche mit geringerer Masse sind stets in größerer Anzahl vertreten. In Starburst-Galaxien dagegen scheint es einen Überschuss an massereichen Sternen zu geben, wie beispielsweise Astronomen um Zhi-Yu Zhang von der University of Edinburgh in Beobachtungen mit dem ALMA-Observatorium herausgefunden haben. Dabei beruhen die Funde von Zhang und seinen Kollegen auf indirekten Messungen, und zwar von Kohlenmonoxid-Verbindungen mit unterschiedlichen Isotopen. Während das Kohlenstoffisotop ^{13}C bevorzugt in Sternen mittlerer und geringerer Masse gebildet wird, produzieren massereichere Sterne mehr von dem Sauerstoffisotop ^{18}O. Wie die ALMA-Beobachtungen zeigen, ist das Verhältnis von Sauerstoff zu Kohlenstoff in den in der Studie untersuchten Starburst-Galaxien im frühen Universum um ein Zehnfaches höher als in heutigen Galaxien wie der Milchstraße. Daraus schließen die Forscher auf einen höheren Anteil an massereichen Sternen.

Doch auch in jüngerer Zeit und unserer kosmischen Nachbarschaft lassen sich Galaxien mit erhöhter Sternentstehungsrate beobachten. Und in einem dieser nähergelegenen Sternentstehungsgebiete im heutigen Universum scheint die Massenverteilung der Sterne von der als universell gültig angenommenen abzuweichen. Ein Team um Fabian Schneider von der University of Oxford hat die aktive Sternentstehungsregion 30 Doradus in der Großen Magellanschen Wolke untersucht. In ihrer Studie haben die Wissenschaftler die Sterne direkt spektroskopisch analysiert. Hier waren Sterne mit mehr als 30 Sonnenmassen zu einem Drittel stärker vertreten als erwartet und besonders

Tarantelnebel: Eine ausgesprochen aktive Sternentstehungsregion ist 30 Doradus in der Großen Magellanschen Wolke, auch bekannt als „Tarantelnebel". Hier bilden sich vermehrt besonders massereiche Sterne, was der ansonsten weitgehend allgemeingültigen Massenverteilung bei der Sternentstehung widerspricht. Das James Webb Space Telescope hat einen neuen Blick im Infraroten auf diese Region geworfen.

massereiche mit mehr als 60 Sonnenmassen sogar mehr als zwei Drittel über der erwarteten Anzahl.

Die uns nächstgelegene Starburst-Galaxie ist die Zwerggalaxie IC 10. Sie ist die einzige ihresgleichen in der Lokalen Gruppe, der größeren Galaxienansammlung, zu der auch unsere Milchstraße und die Andromeda-Galaxie gehören, und ist eine Begleitgalaxie von M 31. Sie scheint eine verhältnismäßig junge Galaxie zu sein, da sie noch über nicht-ionisierten Wasserstoff verfügt und immer noch Materie aus ihrer Umgebung aufsammelt. Auch in dieser Galaxie haben Astronomen mehr massereiche Sterne gefunden als erwartet.

Kleiner Heißsporn: Die irreguläre Starburst-Galaxie IC 10 ist verhältnismäßig jung, denn sie enthält noch viel neutralen Wasserstoff und bildet vermehrt massereiche Sterne. Sie ist nur 2,2 Millionen Lichtjahre entfernt.

Während der letzten Jahre ist IC 10 noch aus einem anderen Grund ins Visier der Astronomen geraten: In Aufnahmen des Röntgensatelliten Chandra fanden sich zahlreiche Röntgenquellen, die von Schwarzen Löchern oder Neutronensternen in Doppelsternsystemen mit jeweils einem massereichen Partner stammen, von dem sie Masse abziehen. Hier setzten die Forscher ihre Hoffnung darauf, dass sich bei diesen vielen Doppelsystemen mit einer kompakten Komponente die ein oder andere Kollision ereignen könnte, die auch Gravitationswellensignale aussenden sollte (siehe Kapitel 4, S. 137 ff).

GALAXIENENTWICKLUNG

Die Formenvielfalt unter den Galaxien ist ausgesprochen groß. Zwei Grundtypen scheinen unter den größeren Galaxien jedoch zu dominieren: die Ellipsen und die Spiralen. Zu letzteren zählt auch die Milchstraße, unsere Heimatgalaxie.

Um die Sternsysteme besser beschreiben zu können, sortierte sie Edwin Hubble 1926 nach ihrer Gestalt. In dem sogenannten Stimmgabel-Diagramm stehen zu Beginn die elliptischen Galaxien und entwickeln sich rein morphologisch in die Spiralen beziehungsweise die Balkenspiralen. Der französisch-amerikanische Astronom Gérard-Henri de Vaucouleurs (1918–1995) erweiterte Hubbles Klassifizierungsschema später um Mischformen zwischen den gewöhnlichen Spiralen und den Balkenspiralen und ergänzte die kleineren, masseärmeren Irregulären und die Zwerggalaxien.

Lange ging man davon aus, dass die Spiralgalaxien und Balkenspiralen aus den Elliptischen hervorgegangen sein könnten. Doch wie man mittlerweile weiß, ist es genau umgekehrt der Fall. Auch hier konkurrierten zunächst noch zwei verschiedene Modelle der Galaxienentwicklung: Dem einen Modell zufolge wären direkt zu Beginn Spiralgalaxien aus entsprechend größeren Materieansammlungen entstanden, indem diese langsam unter Rotation kollabiert sind. Das andere, inzwischen favorisierte Modell geht von anfangs kleineren Materieagglomerationen aus, aus denen sich galaxienähnliche Objekte, sogenannte Protogalaxien, gebildet haben, die dann mit anderen zusammengewachsen sind und so immer größere Galaxien gebildet haben. Dabei sind zunächst kleinere und größere Scheibengalaxien mit Spiralstruktur entstanden.

Die besonders massereichen elliptischen Galaxien werden ihrerseits als die Endprodukte einer langen Geschichte der Galaxienentwicklung verstanden. So, wie sich im frühen Universum Protogalaxien nach

Formenvielfalt: Galaxien nehmen die unterschiedlichsten Gestalten an. Zwar dominieren Spiralen und Ellipsen, doch auch sie treten in unzähligen Varianten auf. Die Zusammenstellung enthält Aufnahmen des Hubble-Teleskops im nahen Infrarotlicht.

Verborgene Gestalt 1: Sowohl das Hubble Space Telescope als auch jüngst das James Webb Space Telescope haben die prachtvolle Galaxie M 74 aufgenommen. Im sichtbaren Licht stechen Ansammlungen mit jungen blauen Sternen und rot leuchtendem ionisiertem Wasserstoff hervor.

und nach zu größeren zusammengefunden und mit der Zeit Spiralstrukturen herausgebildet haben, entstehen Ellipsen, wenn zwei Spiralgalaxien miteinander „verschmelzen".

Viele der größeren Galaxien in unserer kosmischen Nachbarschaft zählen zu den Spiralgalaxien und ähneln in ihrem Aufbau der Milchstraße. Diese Sternsysteme sind durch ihre Rotation scheibenartig abgeplattet; in ihrer Mitte konzentrieren sich alte Sterne zu einer Wölbung, die auch als „Bulge" (engl., Beule) bezeichnet wird. Diese zentrale Region ist balkenartig in die Länge gezogen. Ausgehend von

Verborgene Gestalt 2: In der Infrarotaufnahme des James Webb Space Telescope dagegen treten in der Galaxie M 74 skelettartig ganz andere, bizarre Strukturen aus Staub zu Tage.

den Balkenenden winden sich die Spiralarme in der Scheibenebene der Schwerkraft folgend um das Zentrum der Galaxis. Hinter Sternen und Staub verborgen ruht dort das extrem massereiche Schwarze Loch von etwas mehr als vier Millionen Sonnenmassen.

Die Masse unserer Galaxis beträgt mit 100–300 Milliarden Sternen inklusive der Dunklen Materie rund 1,5 Billionen Sonnenmassen. Ihre Scheibe durchmisst in ihrer Ebene etwa 105.000 Lichtjahre, in der Dicke sind es nur rund 1000 Lichtjahre; der zentrale Bulge ist mit 15.000 Lichtjahren deutlich ausgedehnter. Die Sonne und ihr Planetensystem sind etwa 25.000 Lichtjahre vom Zentrum entfernt und benötigen für einen Umlauf rund 240 Millionen Jahre.

Nach außen hin ist die Milchstraße von einem sphärenartigen Halo von etwa 165.000 Lichtjahren im Durchmesser umgeben, der mit 150 derzeit bekannten Kugelsternhaufen bestückt ist. Zudem enthält er vor allem Dunkle Materie, die sich in der Rotationsgeschwindigkeitskurve und den Bewegungen der Kugelsternhaufen bemerkbar macht (siehe Kapitel 3, S. 96).

Wie sich die Spiralstruktur jedoch – auch bei anderen Spiralgalaxien – ausgebildet hat, ist noch nicht abschließend verstanden. Dem Modell zufolge entstehen Spiralarme durch Dichtewellen, die durch die Scheibenebene der Milchstraße wandern und das interstellare Material dort in regelmäßigen Abständen wellenartig verdichten. In diesen kompakteren Gebieten kann schließlich die Sternentstehung einsetzen.

Doch wie sich diese Spiralstrukturen über längere kosmische Zeiträume in Spiralgalaxien halten können, war lange nicht geklärt. In einer Computersimulation berechneten unter anderem die Astrophysikerin Elena D'Onghia mit ihren Kollegen Mark Vogelsberger und Lars Hernquist am Harvard-Smithsonian Center for Astrophysics, wie sich anfänglich lokale Dichteschwankungen aus massereichen Molekülwolken in einer ansonsten weitaus homogenen, rotierenden Scheibe aus 100 Millionen Sternen fortpflanzen. Das eigentlich Neue an diesen Simulationen war die Erkenntnis, dass Störungen in der Scheibenstruktur, die sich zeitlich nicht-linear, also gewissermaßen chaotisch, entwickeln, die Spiralarme über einen längeren Zeitraum von einigen Milliarden Jahren (rund 100 galaktische Jahre) stabilisieren.

Die Spiralarme enthalten helle Sterne und Gas. Die dunklen Zwischenräume in den Spiralstrukturen scheinen auf den ersten Blick leer zu sein. Sie sind ebenfalls mit Gas und Staub angefüllt. In der interstellaren Materie der Scheibenebene und der Spiralarme entstehen auch im heutigen Universum nach wie vor Sterne. Dabei können verschiedene astrophysikalische Prozesse neue Wellen der Sternentstehung auslösen. So treiben beispielsweise Supernova-Explosionen Stoßwellen weit in den Raum, die die Materie auf ihrem Weg komprimieren, sodass diese fragmentieren und Sternentstehungsprozesse in Gang gesetzt werden. Die Sterne in der Scheibenebene sind also verhältnismäßig jung und entsprechend stark mit schwereren Elementen angereichert.

INTERAKTION ZWISCHEN GALAXIEN

Auch wenn der Raum zwischen den Galaxien innerhalb eines Galaxienhaufens weitläufig und weitgehend leer ist, treffen gelegentlich zwei Galaxien aufeinander und vereinigen sich mit der Zeit. Kommen sich zwei Galaxien so nahe, dass zwischen ihnen gegenseitig Gezeitenkräfte, also durch die gegenseitige Schwerkraft verursachte „Scherkräfte", wirken, können sie einander Sterne entreißen. Diese Sterne können entweder „verloren gehen" (siehe Kapitel 3, S. 102) und sich im intergalaktischen Raum eines Galaxienhaufens vereinzeln oder in die jeweils andere Galaxie integriert werden.

In der Regel stoßen bei solchen Galaxienkollisionen die Sterne beider Partner gar nicht physisch miteinander zusammen, denn der Abstand zwischen den Sternen in einer Galaxie ist einfach zu groß. Wenn zwei Galaxien aufeinander zurasen, werden sie zunächst einander durchlaufen. Die Schwerkraft der jeweils anderen Galaxie bewirkt, dass sie ihre Form verlieren und auch Materie und Sterne austauschen. Je nach anfänglicher Geschwindigkeit der beiden Galaxien werden sie sich vielleicht nur einmal durchkreuzen und dann wieder jede ihres Weges ziehen. Oder sie beschleunigen sich und bremsen sich durch ihre Gravitation gegenseitig aus, werden mehrmals um- oder durcheinander hindurch pendeln, bis sie sich schließlich

Ästhetik der Gezeiten: Wie Blütenblätter einer Rose winden sich die Spiralarme im Inneren der Galaxie UGC 1810 um ihr Zentrum, nach außen hin öffnen sie sich ungewöhnlich weit. Diese Struktur entstand vermutlich durch die gravitative Wechselwirkung mit der Galaxie UGC 1813, die die größere durchquert und dabei den unteren Spiralarm auseinandergezogen hat.

Galaktisches Wagenrad: Auch die Cartwheel-Galaxie (ESO 350-40) erhielt ihre merkwürdige Struktur durch eine Galaxienkollision. In dieser Infrarotaufnahme des James Webb Space Telescope treten die Sternentstehungsgebiete und die Umgebung des zentralen Schwarzen Lochs besonders hervor.

zu einer einzigen neuen Galaxie vereinigen. Dann haben sie ihre ursprüngliche Form endgültig verloren und erscheinen vielleicht zunächst als größere, aber irreguläre Galaxie.

Innerhalb der Lokalen Gruppe bewegen sich die Andromeda-Galaxie und das Milchstraßensystem mit einer Geschwindigkeit von 110 Kilometern pro Sekunde aufeinander zu. Neuesten Untersuchungen des Gaia-Satelliten zufolge, der neben der Milchstraße auch einzelne helle Sterne in der Andromeda-Galaxie und in ihrer kleineren Begleitgalaxie M 32 beobachtet und deren Geschwindigkeiten

Kosmischer Tanz: Diese Hubble-Aufnahme zeigt das Galaxienpaar Arp 282 direkt in Interaktion. Durch die Gezeitenkräfte hat sich ein Materiestrom aus der unteren (NGC 169) gebildet, der in Richtung der oberen (IC 1559) zu „fließen" scheint.

vermessen hat, werden beide Galaxien in 4,5 Milliarden Jahre aufeinandertreffen. Aber anstatt wie bisher angenommen frontal miteinander zu kollidieren, sollten sie sich nur seitlich touchieren. Auch in einem solchen Szenario würden die Gezeitenkräfte ihre Strukturen verändern, und die Sternsysteme könnten sich gegenseitig Sterne entreißen – vereinigen würden sie sich jedoch nicht.

Bisweilen erzeugen solche Galaxienkollisionen oder -vereinigungen aber auch ganz bizarre und ästhetische neue Muster. Mit der Zeit werden sich die Sterne in ihren Bahnen um das neu gewachsene Zentrum arrangieren, in dem sich auch ihre beiden zentralen Schwarzen Löcher vereinigt haben werden. Die Bahn- und Geschwindig-

Elliptische Giganten: In den Zentren von Galaxienhaufen befinden sich meist besonders massereiche elliptische Galaxien, so auch in dem mehr als 450 Millionen Lichtjahre entfernten Haufen Abell S0740. Er enthält Galaxien mit unterschiedlicher Form, doch die mit Abstand massereichste und hellste ist die zentrale elliptische Galaxie ESO 325-G004.

keitsverteilung der Sterne wird zu einer entsprechend massereicheren elliptischen Galaxie führen.

Elliptische Galaxien sind in der Regel massereicher als Spiralgalaxien. Sie können 100.000 bis zehn Billionen Sonnenmassen an Sternen enthalten. Sie sind vor allem in dichter besiedelten Regionen des Kosmos, etwa in größeren Galaxienhaufen, anzutreffen. In ihrem Zentrum beherbergen elliptische Galaxien ein extrem massereiches Schwarzes Loch.

Dafür spricht auch, dass Galaxienhaufen meist von einer besonders massereichen elliptischen Galaxie in ihrem Zentrum dominiert werden. Das ist zum Beispiel im Virgo-Galaxienhaufen der Fall. Zentrales Objekt ist hier die massereiche elliptische Galaxie M 87, dessen extrem massereiches Schwarzes Loch wir inzwischen recht gut kennen (siehe Kapitel 4, S. 139 ff).

UNSERE EXTRAGALAKTISCHE NACHBARSCHAFT

Der Virgo-Haufen ist in einer Entfernung von rund 50 Millionen Lichtjahren der uns nächste Galaxienhaufen und umfasst 1300–2000 Galaxien. Er liegt im Zentrum des Virgo-Superhaufens, in dem 100–200 Galaxienhaufen über 200 Millionen Lichtjahre versammelt sind.

Dass Galaxien nicht nur räumlich, sondern auch dynamisch zusammenhängen, zeigt die Supercluster-Verbindung namens Laniakea (Hawaiianisch für „unermesslicher Himmel"), die mehr als 520 Millionen Lichtjahre durchmisst. Diesen Komplex aus 100.000 Galaxien identifizierten Brent Tully von der University of Hawaii und seine Kollegen, indem sie 2014 erstmals die Eigengeschwindigkeiten von Galaxien nutzten, um deren Zugehörigkeit zu übergeordneten Strukturen festzustellen.

Unsere Milchstraße befindet sich als Mitglied der Lokalen Gruppe, zu der als größere Objekte die Andromeda-Galaxie und die Dreiecksgalaxie zählen, eher in den Ausläufern des Virgo-Superhaufens. Neben den drei größeren Spiralgalaxien enthält die Lokale Gruppe rund 80 kleinere, teils unförmige oder irreguläre Zwerggalaxien, die sich zu einem großen Teil im Einflussbereich der Milchstraße oder der Andromeda-Galaxie aufhalten. Die zwei bekanntesten Begleiter der Milchstraße, die Kleine und die Große Magellansche Wolke, sind am Südhimmel sogar mit bloßem Auge zu sehen. Viele von ihnen sind allerdings so lichtschwach, dass sie erst mit den leistungsfähigeren Teleskopen in den letzten Dekaden entdeckt wurden. Einige besitzen so wenige Sterne, dass überhaupt nicht klar ist, ob diese im Verbund tatsächlich eine Zwerggalaxie bilden oder eher einem Sternhaufen ähneln.

Galaxienmetropole: Der Virgo-Haufen ist in einer Entfernung von 50 Millionen Lichtjahren der nächste größere Galaxienhaufen. Die Galaxien im Vordergrund bilden die Markarjansche Kette, benannt nach dem armenischen Astrophysiker Benjamin Markarjan.

Galaktische Nachbarin: Die Andromeda-Galaxie in einer Entfernung von 2,5 Millionen Lichtjahren ist die nächste große Galaxie in unserer Nachbarschaft. Mit 100–150 Milliarden Sonnenmassen an Sternen beziehungsweise rund einer Billion Sonnenmassen inklusive Dunkler Materie sowie einem Scheibendurchmesser von 140.000 Lichtjahren ist sie etwas größer als das Milchstraßensystem.

GALAKTISCHER KANNIBALISMUS

So lässt sich gerade in der Umgebung der Milchstraße die Entwicklung von Galaxien im heutigen Universum noch einmal vor unserer kosmischen Haustür verfolgen. Denn wie man heute vermutet, nehmen die Zwerggalaxien einen wesentlichen Platz in der Galaxienentwicklung ein.

Auch wenn recht früh schon einige wenige recht massereiche Quasare existiert haben, waren viele der ersten Galaxien vermutlich wesentlich masseärmer als die heutigen Spiralgalaxien wie unsere Milchstraße oder die Andromeda-Galaxie. Die Milchstraße bildete sich vor zwölf Milliarden Jahren, doch erst mit der Zeit ist sie weiter gewachsen, indem sie sich Materie und kleinere Galaxien aus ihrer Nachbarschaft einverleibt hat.

Diese Entwicklung dauert heute noch an. Davon zeugen Sternströme, die sie in ihrem Halo umlaufen, oder auch vereinzelte Sternschwärme, die sich bereits weiter in ihrer Scheibenebene niedergelassen haben. Der Gaia-Satellit hat die Spuren von Zwerggalaxien detailliert nachverfolgt, die im Schwerefeld der Milchstraße auseinandergerissen werden und sie nun als Sternströme umlaufen. Nach und nach werden diese Sterne einmal in unsere Galaxis übergehen. Solche stellaren Überläufer besitzen andere chemische Signaturen als

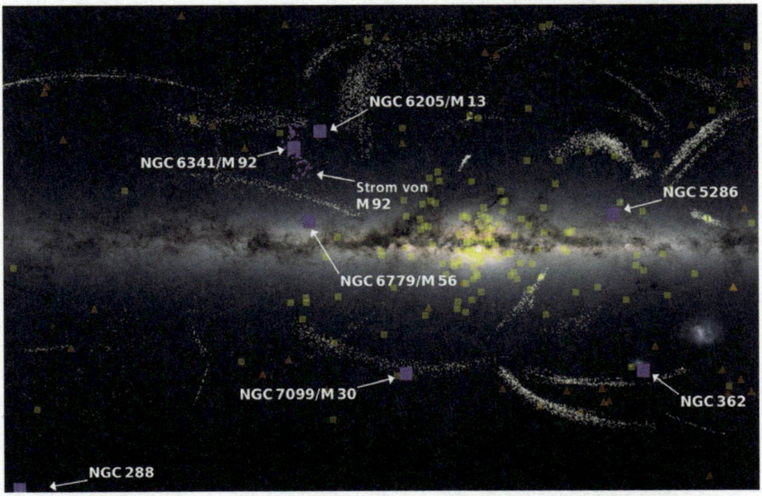

Sternströme: Die Milchstraße wächst noch heute weiter. Zwerggalaxien aus ihrer Umgebung geraten in den Bann ihrer Schwerkraft und werden auseinandergerissen. In Sternströmen gehen sie nach und nach in unsere Galaxis über.

jene Sterne, die in der Milchstraße selbst entstanden sind. Anhand dieser Fingerabdrücke, die sich im Laufe eines Sternlebens kaum verändern, lässt sich auch die Geschichte der Milchstraße rekonstruieren. Häufig sind diese Sterne auch an ihren ungewöhnlichen Bewegungsmustern zu erkennen, die sich von den übrigen Mitgliedern des Milchstraßensystems unterscheiden.

Darüber hinaus hat Gaia die Bewegungen der bereits länger bekannten Sagittarius-Zwerggalaxie im Detail analysiert, die die Milchstraße senkrecht zur Scheibenebene eng umrundet und dabei mit ihr über Gezeitenkräfte wechselwirkt. Diesen Messungen zufolge hat die Zwerggalaxie vor 5,6 Milliarden Jahren das erste Mal den Scheibenrand der Milchstraße durchlaufen. Dabei könnte sie dort die Materie verdichtet und so eine Welle der Sternentstehung ausgelöst haben, bei

Verborgener Halo: Das Milchstraßensystem ist in einen Halo aus Dunkler Materie eingebettet, in dieser künstlerischen Darstellung blau koloriert.

Auf ewig verbunden: Die Sterne eines Kugelsternhaufens sind alle quasi gleichzeitig entstanden. Mit typischerweise 100.000 oder mehr Mitgliedern sind diese Sternansammlungen so massereich, dass sie über Milliarden von Jahren durch ihre eigene Schwerkraft zusammengehalten werden. Mit einem Alter von 13,4 Milliarden Jahren ist NGC 6397 eines der ältesten dieser Objekte.

der auch die Sonne entstanden sein könnte. Auch zwei spätere Phasen der Sternentstehung vor 1,9 Milliarden Jahren und vor einer Milliarde Jahren scheinen mit Passagen der Sagittarius-Zwerggalaxie in der Scheibenebene zusammengefallen zu sein.

Und auch sonst gibt die Struktur der Milchstraße einiges über ihre Vergangenheit preis. Ihr Spiralsystem ist in einen kugelförmigen Halo aus Dunkler Materie eingebettet, der sich weit über den leuchtenden Bereich der Galaxis hinaus erstreckt. Er ist zudem mit verdünntem heißem Gas angefüllt, und vor allem durchkreuzen ihn die Kugel-

Sternentstehung im Schiffskiel: In den Spiralarmen der Milchstraße findet heute noch Sternentstehung statt. Dieses Bild zeigt den Carina-Nebel, eines der bekanntesten und aktivsten Gebiete in einer Entfernung von 7500 Lichtjahren.

Per Anhalter durch die Galaxis: Der 2013 gestartete Satellit Gaia kartierte die Milchstraße mit nie zuvor dagewesener Präzision. Die im Mai 2019 veröffentlichte Himmelskarte enthält 1,7 Milliarden Sterne.

sternhaufen mit älteren Sternen, die noch kaum mit schweren Elementen angereichert sind.

Die typischerweise 100.000 Mitglieder eines Kugelsternhaufens sind alle in einem Schwung und vor vielen Milliarden Jahren entstanden. So gehören die meisten der Sterne im Halo der Population II an und stammen vermutlich aus einer Zeit, bevor die Milchstraße ihre spiralartige Form ausbilden konnte. Mit einem Alter von bis zu 13,5 Milliarden Jahren haben sich einige Kugelsternhaufen bereits kurz nach dem Urknall gebildet und sind damit vermutlich älter als die Milchstraße selbst. Welche Rolle diese alten Sterne bei der Entwicklung der Milchstraße oder von Galaxien überhaupt gespielt haben könnten, ist derzeit Gegenstand der wissenschaftlichen Debatte.

Die Sterne in der Scheibenebene sind dagegen wesentlich jünger. Sie gehören der Population I an, die aus Material entstanden ist, das bereits deutlich stärker mit schwereren Elementen angereichert war. Auch heute entstehen in den Spiralarmen noch Sterne. Neben Sternen ist die Scheibenebene von Gas aus neutralem und teils auch molekularem Wasserstoff durchzogen, das mit Kohlenstoff und Sauerstoff sowie Staub aus dem Materiekreislauf der Sterne durchmischt ist. Die 21-Zentimeter-Strahlung des Wasserstoffs durchdringt Staubregionen nahezu ungehindert, sodass sie den Blick auf sonst verborgene Gegenden oder Sterne in der Milchstraße freigibt. In den kühlen Materiewolken der Spiralarme haben sich außerdem Kohlenstoff und Sauerstoff zu Kohlenmonoxid verbunden, das bei einer charakteristischen Wellenlänge von 2,6 Millimetern strahlt, wenn es zwischen zwei Rotationszuständen wechselt. Radio- und Infrarotbeobachtungen zufolge sind in den Spiralarmen der Milchstraße rund zwei Milliarden Sonnenmassen in Form von interstellarer Materie gebunden, die letztlich zur Sternentstehung zur Verfügung stehen.

KAPITEL 7

DIE KOSMISCHE ENTFERNUNGSLEITER

Über die Tücken der Entfernungsmessung im Universum und warum die Expansion die Sache noch einmal erschwert

Große Leuchte: Die Entfernungsmessung im Universum ist kein leichtes Unterfangen. Als Standardkerzen eignen sich beispielsweise Supernova-Explosionen wie hier in der Galaxie NGC 4526 (im Bild unten links).

Die Entfernungsbestimmung im Universum ist keine triviale Angelegenheit. Zunächst einmal wissen wir bereits aus der Speziellen Relativitätstheorie, dass bei der Messung solch großer Entfernungen die Endlichkeit der Lichtgeschwindigkeit eine nicht zu vernachlässigende Rolle spielt (siehe Kapitel 1, S. 31). Keine Information lässt sich schneller von einem Ort A zu einem Ort B übertragen als Licht, und da diese Geschwindigkeit endlich ist, geschieht dies eben nicht instantan. Mit diesem Konzept eng verbunden ist auch die sogenannte Relativität der Gleichzeitigkeit, die durch die Spezielle Relativitätstheorie beschrieben wird.

Von den Objekten, die Astronomen ins Visier nehmen, ist das Licht tausende oder gar Milliarden von Jahren zu uns unterwegs. Das hat unweigerlich die Konsequenz, dass bestimmte Objekte in großen Distanzen schon längst nicht mehr dem Zustand entsprechen, den das Licht uns von ihnen übermittelt. Wenn wir zum Beispiel die Andromeda-Galaxie beobachten, sehen wir sie nicht, wie sie heute aussieht, sondern so, wie sie vor etwa 2,5 Millionen Jahren aussah.

Auf diesen Zeitskalen passiert astronomisch nicht allzu viel mit einer Galaxie. Ein Sternenleben spielt sich auf Zeitskalen zwischen wenigen Millionen bis einigen zehn Milliarden Jahren ab. Objekte oder Regionen von Galaxien, die sehr massereiche Sterne enthalten, werden sich also in der Zwischenzeit, in der das Licht von ihnen zu uns gereist ist, bereits stärker verändert haben, als solche, die Sterne mit geringerer Masse enthalten.

Manche Sterne könnten seitdem bereits erloschen und andere neue entstanden sein und zu leuchten begonnen haben. Der Stern, der 1987 in der Großen Magellanschen Wolke aufleuchtete, ist tatsächlich bereits explodiert, als auf der Erde noch der Neandertaler lebte. Die Begleitgalaxie der Milchstraße ist rund 163.000 Lichtjahre von uns entfernt, entsprechend lange benötigt das Licht ihrer Sterne, bis es zu unseren Teleskopen gelangt.

Echo aus der Vorzeit: Im Februar 1987 leuchtete in der Großen Magellanschen Wolke die Supernova 1987A auf. Diese Aufnahme des Hubble Space Telescope zeigt den expandierenden Überrest 30 Jahre später. Auch sein Licht stammt aus einer Zeit, zu der auf der Erde noch der Neandertaler lebte.

PARALLAXENMETHODE

Woher also wissen wir, wie weit das alles entfernt ist? Im einfachsten Fall können wir für die Entfernungsmessung im All ein Prinzip anwenden, das von der Erde wohlbekannt ist: die Parallaxenmethode. Sie beruht auf dem geometrischen Prinzip der Triangulation. Peilt man bei ausgestrecktem Arm den Daumen erst mit dem linken, dann mit dem rechten Auge an, so erscheint dieser bezüglich einer Landschaft im Hintergrund vom einen zum anderen Mal versetzt. Der Abstand zwischen linkem und rechtem Auge fungiert hier als Basislinie, der Winkel, unter dem der Daumen versetzt erscheint, heißt Parallaxenwinkel oder kurz Parallaxe. Aus Augenabstand und Parallaxenwinkel lässt sich nun mittels Trigonometrie der Abstand zum Daumen, also die Armlänge, berechnen. Wollten wir nur wissen, wie lang unser Arm ist, wäre es natürlich viel einfacher, direkt mit einem Maßband nachzumessen. Doch um astronomische Entfernungen zu messen oder auch schon allein für irdische Distanzen in der Landvermessung ist diese Methode sehr hilfreich.

Astronomen nutzen bei der Parallaxenmethode anstatt des Abstands zwischen linkem und rechtem Auge als Basislinie den Durchmesser der Erdbahn um die Sonne: Beobachtet man einen Stern um ein halbes Jahr versetzt, erscheint dieser mit Bezug auf die sehr viel weiter entfernten Hintergrundsterne jeweils an einem etwas anderen Ort am Himmel. Je weiter ein Stern entfernt ist, desto enger liegen die beiden scheinbaren, halbjährlich versetzt gemessenen Sternörter am Himmelsgewölbe beieinander. Aus dem Winkelabstand der beiden scheinbaren Sternpositionen und dem bekannten Erdbahndurchmesser lässt sich dann mittels Trigonometrie die Entfernung des Sterns berechnen. Die Entfernung eines Sterns, bei der die so bestimmten Sternörter eine Bogensekunde auseinanderliegen, bezeichnet man als eine Parallaxensekunde, kurz ein Parsec (engl.: Parallax Second, kurz: 1 pc); sie entspricht 3,26 Lichtjahren. Diese Methode funktioniert über Distanzen bis etwa 3000 Lichtjahre; das ist noch weit innerhalb der Milchstraße. Heute lässt sich diese Methode dank einer speziellen Technik des Gaia-Satelliten sogar über 30.000 Lichtjahre anwenden.

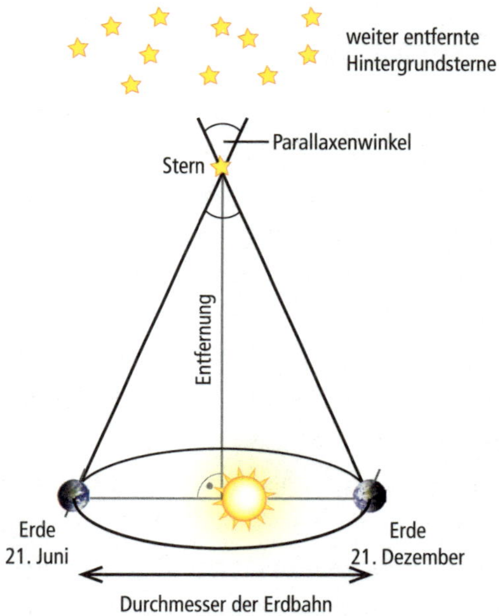

Parallaxenmethode: Wenn Astronomen das Universum vermessen, sind sie für unterschiedliche Distanzen auf verschiedene Methoden der Entfernungsmessung angewiesen – die sogenannte kosmische Entfernungsleiter. Die Parallaxenmethode eignet sich gewöhnlich für Entfernungen bis 3000 Lichtjahren, mit dem Gaia-Satelliten lässt sie sich dank einer speziellen Technik auch bis 30.000 Lichtjahre anwenden.

STANDARDKERZEN

Für weiter entfernte Objekte sind Astronomen auf andere Methoden der Entfernungsbestimmung angewiesen, sogenannte Standardkerzen: Das Licht einer Punktquelle breitet sich sphärenartig in den Raum aus. Je weiter sich die Lichtfront von der Punktquelle entfernt, umso größer wird die gedachte Kugelschale, die es ausleuchtet. Die

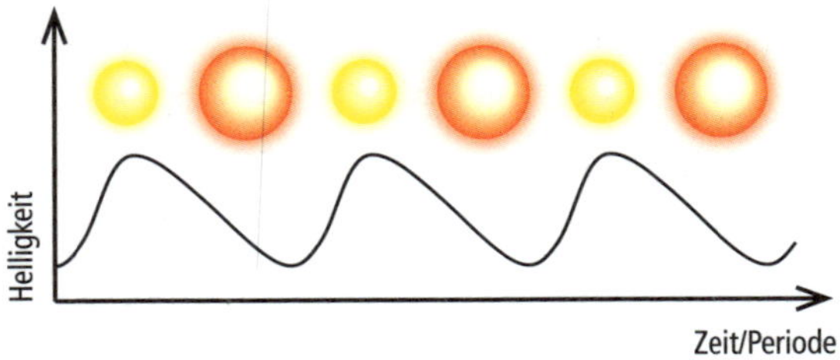

Cepheiden-Methode: Cepheiden oder auch RR-Lyrae-Sterne variieren entsprechend der Periode-Leuchtkraft-Beziehung. Sie lassen sich als Standardkerzen zur Entfernungsmessung bis 30 Millionen Lichtjahre verwenden.

Lichtmenge dabei bleibt jedoch dieselbe. Doch eine Kugelfläche nimmt bekanntlich mit dem Quadrat des Kugelradius zu, und so nimmt die Helligkeit einer Lichtquelle entsprechend mit dem Quadrat der Entfernung ab.

Kennt man die Grundhelligkeit einer Lichtquelle und vergleicht sie mit der beobachteten, lässt sich auf diesem Weg ihre Entfernung berechnen. Eine Lichtquelle B, die doppelt so weit entfernt ist wie eine Lichtquelle A, aber an sich genauso hell leuchtet wie Lichtquelle A, erscheint aus der Entfernung nur ein Viertel so hell.

Für diese Methode eignen sich bestimmte astronomische Objekte, deren intrinsische Helligkeit beziehungsweise Leuchtkraft man gut kennt. Dazu zählen beispielsweise bestimmte veränderliche Sterntypen, wie die bereits vor mehr als 100 Jahren entdeckten Cepheiden, für die die Periode-Leuchtkraft-Beziehung gilt (siehe Kapitel 1, S. 26).

Eine andere Klasse derartiger Veränderlicher, die sich für die Entfernungsmessung als zuverlässige Standardkerzen erwiesen haben, sind die sogenannten RR-Lyrae-Sterne, benannt nach ihrem Prototyp im Sternbild Leier. Sie sind masseärmer als die Cepheiden und ähneln mit 0,7 Sonnenmassen eher der Sonne. Auch sie befinden sich in einer späten Entwicklungsphase, und zwar im Rote-Riesen-Stadium. Diese Methode lässt sich je nach Sterntyp bis auf einige zig Millionen Lichtjahre anwenden.

Für noch größere Distanzen eignet sich eine bestimmte Klasse von Supernova-Explosionen als Standardkerzen, und zwar jene, bei denen ein Weißer Zwerg in einem Doppelsternsystem explodiert, nach dem er zu viel Materie von seinem Partnerstern abgezogen hat und die kritische Massengrenze von 1,4 Sonnenmassen überschreitet. Die explodierende Sternmasse bei diesem Supernova-Typ Ia ist immer nahezu die gleiche, daher sollte auch ihre Leuchtkraft identisch sein, so die Annahme. Sie werden so hell, dass sie fast über das gesamte Universum zu sehen sind. Allerdings sind solche Supernova-Explosionen verhältnismäßig selten. Und so eignen sie sich nur für Messungen über längere Zeiträume und größere Distanzen, die ein größeres Volumen mit entsprechend mehr Galaxien abdecken und eine aussagekräftige Anzahl an Ereignissen erfassen können.

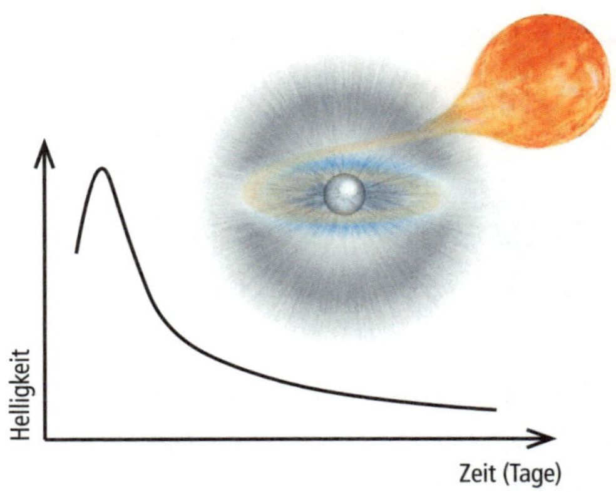

Supernova-Methode: Supernovae vom Typ Ia liefern Standardkerzen, die fast bis an den Rand des Universums sichtbar sind.

Tully-Fisher-Methode: Spiralgalaxien lassen sich von 20 bis 300 Millionen Lichtjahren als Standardkerzen verwenden. Ihre Leuchtkraft steht in Beziehung zu ihrer Rotationsgeschwindigkeit, die sich messen lässt.

Doch gelegentlich lassen sich für größere Distanzen auch ganze Galaxien als Standardkerzen verwenden. So erkannten die Kosmologen Richard Brent Tully von der University of Hawaii und James Richard Fisher vom National Radio Astronomy Observatory in Charlottesville im Jahr 1977, dass zwischen der Rotationsgeschwindigkeit von Spiralgalaxien und ihrer Leuchtkraft ein Zusammenhang besteht. Aus der Verschiebung der Spektrallinien der sich auf uns zu und von uns weg bewegenden Bereiche der Galaxie lässt sich ihre Rotationsgeschwindigkeit messen und daraus ihre Leuchtkraft ableiten; aus dem Vergleich mit der direkt gemessenen Helligkeit erhält man dann auch hier wieder die Entfernung.

LICHTLAUFZEITEN ANHAND DES GRAVITATIONSLINSENEFFEKTS

Eine andere Methode fußt auf den Grundlagen der Allgemeinen Relativitätstheorie. Wie darin beschrieben, folgt auch Licht der Raumkrümmung im Schwerefeld einer Masse. Das führt dazu, dass große Massen wie zum Beispiel Galaxienhaufen oder Quasare das Licht hinter ihnen liegender Objekte merklich ablenken. Diesen sogenannten Gravitationslinseneffekt machen sich Astronomen auf unterschiedliche Weise zu Nutze. Zum einen lässt sich damit die Masse des als Gravitationslinse wirkenden Objekts bestimmen und auch der Anteil der Dunklen Materie in einem Galaxienhaufen „messen". Zum anderen lässt sich dieser Effekt auch zur Entfernungsmessung über sehr große Distanzen nutzen. Wenn ein Objekt hinter einer Gravitationslinse nicht exakt in Sichtlinie ist, sind die Lichtlaufwege der verschiedenen Abbilder, die erzeugt werden, unterschiedlich lang. Das wird dann interessant, wenn es sich bei dem „gelinsten" Objekt um eine zeitlich variable Lichtquelle handelt, etwa um eine Supernova oder um eine aktive Galaxie, deren Zentrum vorübergehend variabel aufflackert. Aus der zeitlichen Differenz, mit der die Lichtvariationen in den verschiedenen Abbildern der Quelle beim Beobachter ankommen, und den Winkelpositionen der Abbilder, lässt sich schließlich die Entfernung der Gravitationslinse berechnen.

Gravitationslinse: Massereiche Galaxien lenken das Licht dahinterliegender Objekte merklich ab und erzeugen Mehrfachabbilder davon. Ist die Lichtquelle variabel, treten die Helligkeitsschwankungen in den unterschiedlichen Abbildern zeitlich versetzt auf.

EIGENSCHAFTEN DES RAUMES UND ENTFERNUNGSMESSUNG

Bei all diesen Methoden der Entfernungsmessung geht man stillschweigend von einem flachen Raum im euklidischen Sinne aus. Dieser zeichnet sich unter anderem dadurch aus, dass die Winkelsumme im Dreieck stets 180 Grad beträgt und das Parallelen-Axiom gilt. Abweichend vom flachen Raum lässt sich zwischen zwei Arten der Krümmung unterscheiden (so weit er einheitlich gekrümmt sein soll), deren Analogien sich im Zweidimensionalen abbilden lassen. Dabei entspricht ein flacher Raum einer planen Ebene. Eine positive Krümmung ist analog dazu aus dem dreidimensionalen Raum auf eine Kugelfläche übertragbar. Dieser Geometrie begegnen wir bereits in unserer irdischen Welt, nämlich wenn wir uns weitläufiger auf dem Globus bewegen. Die Erdoberfläche lässt sich nicht mehr nach den euklidischen Regeln vermessen. Die Summe der Winkel eines Dreiecks auf einer Kugelfläche ist stets größer als 180 Grad. Die uns vielleicht weniger vertraute Art der Krümmung, die negative, ist gewissermaßen das Gegenteil einer Kugel: eine Sattelfläche. Dort ist die Winkelsumme im Dreieck stets kleiner als 180 Grad.

Wie das Universum in seiner Geometrie beschaffen ist, hat nicht nur Auswirkungen auf sein Schicksal, nämlich ob es sich für immer ausdehnt, seine Expansion irgendwann zum Stillstand kommt oder sich gar umkehrt und ein Kollaps einsetzt. Dazu spielt diese Eigenschaft eine ganz wesentliche Rolle bei der Entfernungsbestimmung: In einem positiv gekrümmten Raum wird die Entfernung bei gleichem Parallaxenwinkel größer sein. Gingen wir fälschlicherweise von einem flachen Raum aus, obwohl das Universum eigentlich positiv gekrümmt wäre, würden wir die tatsächliche Entfernung mit dieser Methode unterschätzen. In einem negativ gekrümmten Raum verhält es sich genau umgekehrt. Wäre das Universum sattelartig gekrümmt, und

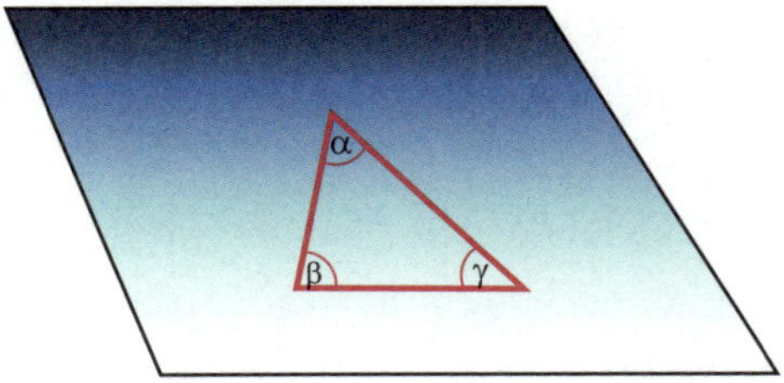

Winkelsumme $\alpha + \beta + \gamma = 180$ Grad

Flacher Raum: Die Winkelsumme in einem Dreieck beträgt immer 180 Grad.

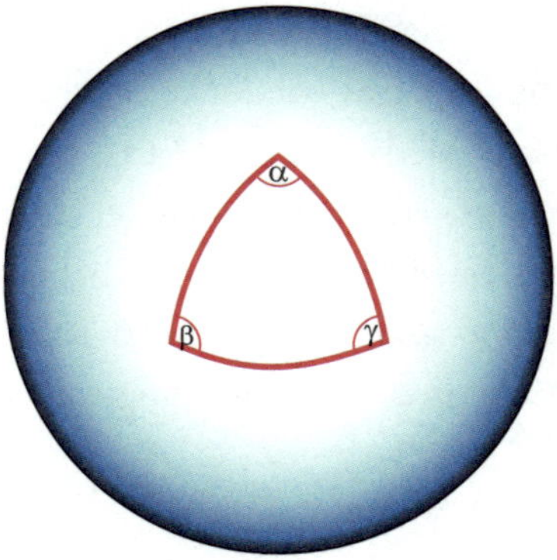

Winkelsumme $\alpha + \beta + \gamma > 180$ Grad

Positiv gekrümmter Raum: Die Winkelsumme im Dreieck ist größer als 180 Grad.

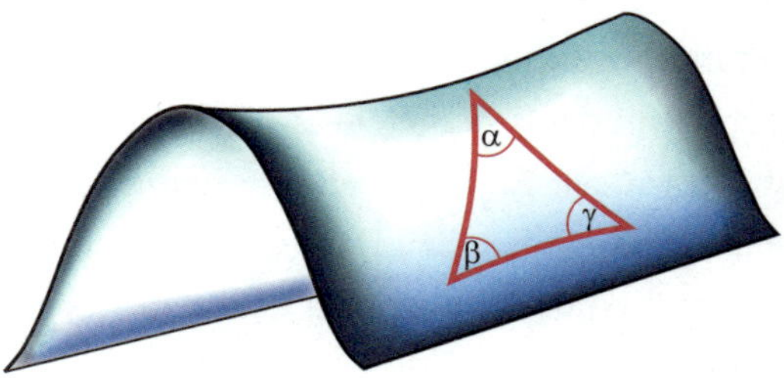

Winkelsumme $\alpha + \beta + \gamma < 180$ Grad

Negativ gekrümmter Raum: Die Winkelsumme im Dreieck ist kleiner als 180 Grad.

gingen wir – auch hier im Unwissen darüber – von einem flachen Universum aus, würden wir die Distanz zu einem Objekt zu groß einschätzen.

Auch für die Standardkerzen-Methode würden sich durch eine Raumkrümmung Abweichungen ergeben. In einem positiv gekrümmten Universum wächst die Kugelfläche langsamer als mit dem Quadrat des Abstandes von der Punktquelle. Das bedeutet, dass die Helligkeit mit weniger als $1/R^2$ abnimmt. Die Lichtquelle erscheint also bei vergleichbarem Abstand zum flachen Universum noch heller, die Entfernung wird ebenfalls unterschätzt. In einem negativ gekrümmten Universum ist es wieder umgekehrt, die Entfernung würde auch mit dieser Methode überschätzt.

Entfernungsmessungen mit voneinander unabhängigen Methoden und die Planck-Daten haben aber glücklicherweise gezeigt, dass das Universum hinreichend flach im euklidischen Sinne ist und wir getrost auf diese Methoden der Entfernungsmessung zurückgreifen können.

EXPANSION UND ROTVERSCHIEBUNG

Doch eine andere Eigenschaft des Universums kommt bei der Entfernungsbestimmung tatsächlich erschwerend hinzu, nämlich dass es expandiert. Denn das bedeutet, dass sich das Objekt, dessen Entfernung wir messen, seit das Licht von ihm zu uns auf die Reise ging, noch weiter von uns entfernt hat. Das gilt es vor allem bei größeren Entfernungen zu berücksichtigen, bei denen die Expansionsbewegung relevant wird.

Und darüber gibt uns die Rotverschiebung Auskunft. Doch dieses Phänomen des Lichts kann zunächst drei unterschiedliche Ursachen haben. Die gewöhnliche Dopplerverschiebung kommt zustande, wenn

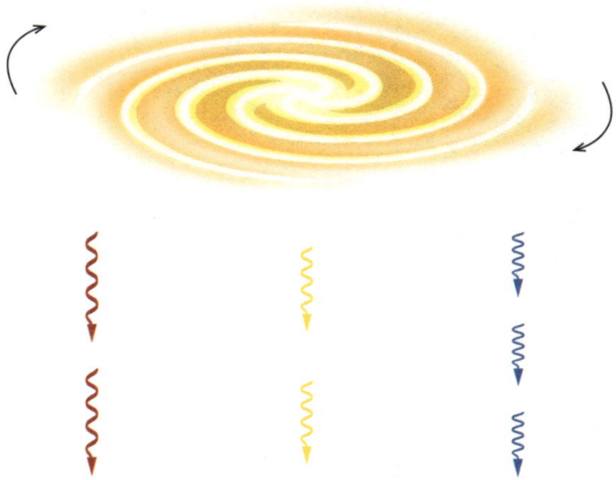

Doppler-Rotverschiebung: Ähnlich wie der Dopplereffekt bei Schall kommt sie durch die Eigenbewegung von Galaxien zustande. Mit ihr lässt sich auch die Rotationsgeschwindigkeit einer Galaxie messen.

sich ein Objekt mit einer entsprechenden Geschwindigkeit von uns entfernt (Rotverschiebung) oder auf uns zubewegt (Blauverschiebung) (siehe Kapitel 1, S. 21).

Letztlich bewegen sich alle Objekte im Universum, im Sonnensystem, in der Milchstraße auf irgendeine Weise und haben relative Geschwindigkeiten zueinander, vor allem, weil sie sich gegenseitig gravitativ beeinflussen. In diesem Fall ist die Ursache für die Rotverschiebung die Eigenbewegung der Objekte oder die Rotationsbewegung von Galaxien.

Auf den ersten Blick mag daher die kosmologische Rotverschiebung, die durch die Expansion des Universums zustande kommt, ebenso dieser Dopplerverschiebung entsprechen. So hatten auch Slipher und seine Kollegen die Rotverschiebung interpretiert, als sie diese vor einem Jahrhundert bei den fernen Galaxien gemessen haben. Und letztlich schlägt sie sich auch als solche im Hubble-Lemaître-Gesetz nieder. Allerdings gibt es hierzu unterschiedliche Betrachtungsweisen,

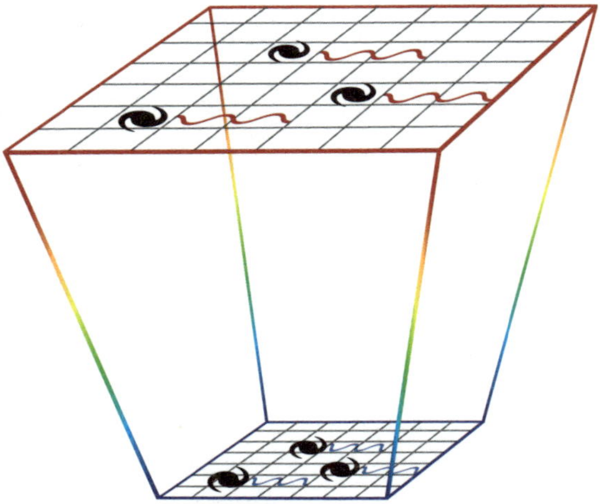

Kosmologische Rotverschiebung: Ihre Ursache ist die Expansion des Universums. Sie unterscheidet sich nicht unmittelbar von der Doppler-Rotverschiebung. Abgesehen von ihrer Eigenbewegung sind die Galaxien „starr" im Raum, der Abstand zwischen ihnen vergrößert sich, da sich der Raum ausdehnt. Mit dem Raum wird auch die Wellenlänge von Licht gedehnt.

und auch unter den Astrophysikern und Kosmologen fand dazu mehrfach ein Paradigmenwechsel statt.

Im Grunde ist es gar nicht die Bewegung der Galaxien selbst, also auch keine Fluchtbewegung im ursprünglich verstandenen Sinne, die die kosmologische Rotverschiebung verursacht. Sieht man von ihren Eigenbewegungen einmal ab, bewegen sich die Galaxien nämlich nicht im Raum, sondern mit ihm mit. Ein gedachtes Koordinatensystem wird durch die Expansion mit gedehnt, das heißt, der Abstand zwischen den einzelnen Koordinatenpunkten selbst wird größer und damit auch der Abstand zwischen den Galaxien. Dabei behalten die Galaxien ihre Position in Bezug auf die Koordinaten bei. Das Licht dagegen, das von einer Galaxie oder einem anderen Objekt einmal ausgesandt wurde, ist in seiner Wellenlänge und „in den Raum" eingebunden und wird mit seiner

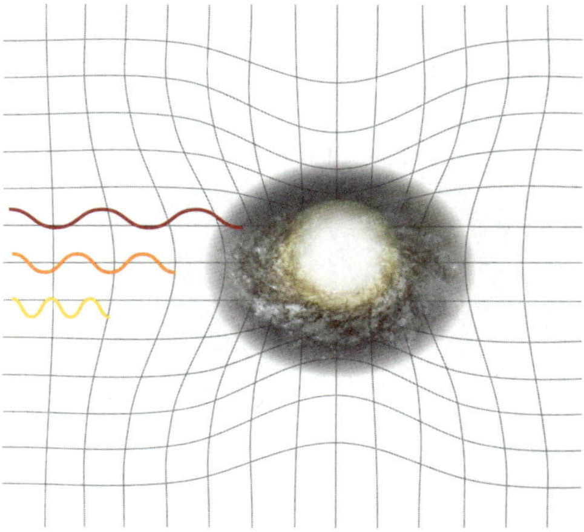

Gravitationsrotverschiebung: Wenn Licht ein Schwerefeld wie etwa die nähere Umgebung eines Schwarzen Lochs oder eines kompakten Galaxienkerns verlässt, verliert es laut der Allgemeinen Relativitätstheorie Energie. Daher erscheint es rotverschoben.

Expansion gedehnt. Daher erscheint es rotverschoben. Rein rechnerisch ergibt sich allerdings kein Unterschied zum gewöhnlichen Dopplereffekt.

Als eine weitere Ursache für Rotverschiebung kann schließlich noch die Gravitation in Frage kommen. Wenn Licht ein Schwerefeld verlässt, verliert es Energie. Dadurch ändert sich seine Frequenz zu niedrigeren, energieärmeren Frequenzen beziehungsweise größeren Wellenlängen hin. Dieser Effekt der sogenannten Gravitationsrotverschiebung zeigt sich etwa bei Licht, das aus dem näheren Umfeld eines Schwarzen Lochs oder eines Neutronensterns ausgesandt wurde (siehe Kapitel 1, S. 38). Anders erklären lässt sich Gravitationsrotverschiebung auch damit, dass die Zeit in einem (starken) Schwerefeld langsamer vergeht als im gravitationsfreien Raum: Die Frequenz des Lichts, das diese Umgebung verlässt, ist dadurch kleiner und es

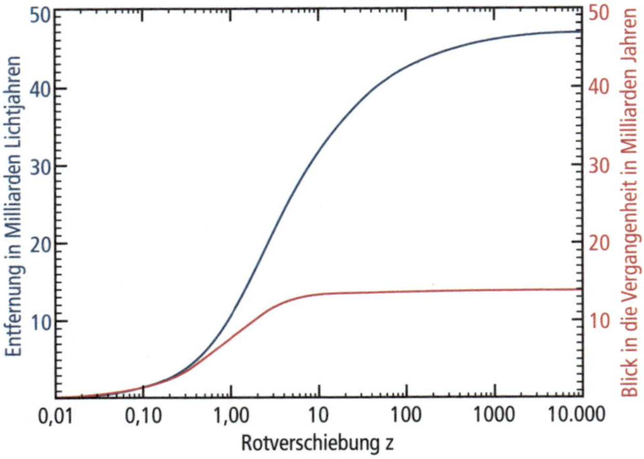

Rotverschiebung und Entfernung: Da sich das Universum ausdehnt, stimmen Lichtlaufzeit und tatsächliche Entfernung zu einem Objekt nicht miteinander überein.

erscheint für einen außenstehenden Beobachter bei einer größeren Wellenlänge und somit röter. Der Effekt der Gravitationsrotverschiebung wird allerdings erst bei extrem kompakten Objekten relevant, etwa in der Nähe Schwarzer Löcher. Daher ist er in der Regel bei der Entfernungsmessung zu vernachlässigen.

Wenn es darum geht, die kosmologische Rotverschiebung zu messen, fällt die Gravitationsrotverschiebung also in der Regel nicht ins Gewicht. Die gewöhnliche Dopplerverschiebung durch die Eigenbewegungen der Galaxien spielt dagegen bis zu Entfernungen von einigen zig Millionen Lichtjahren eine Rolle.

Die kosmologische Rotverschiebung ist also ein Maß für die Expansionsgeschwindigkeit, und zwar zu jener Epoche, aus der wir das Licht von dem beobachteten Objekt empfangen. Über das Hubble-Lemaître-Gesetz ist sie außerdem indirekt ein Indikator für die Entfernung. Je größer die Entfernung, desto größer die Expansionsgeschwindigkeit und damit auch die Rotverschiebung. Allerdings ist dieser Zusammenhang über die zeitliche Entwicklung des Universums hinweg nicht linear.

Er lässt sich durch den sogenannten Skalenfaktor beschreiben, der sich aus dem Friedmann-Lemaître-Modell ergibt. Dieser gibt an, wie sehr das Universum seit dem Urknall bis zu einem bestimmten Zeitpunkt expandiert ist. Aus seinem zeitlichen Verlauf erhält man die Expansionsrate des Universums, die sich in der Hubble-Lemaître-Beziehung als Hubble-Konstante wiederfindet. Dabei handelt es sich gar nicht um eine Konstante im eigentlichen Sinne, sondern einen zeitlich veränderlichen Parameter. Nur zu einer bestimmten Epoche erscheint er als Konstante, für die heutige wird diese als H_0 bezeichnet.

Seit der Inflation hat die Expansionsgeschwindigkeit immer mehr abgenommen, doch seit etwa der Hälfte des Alters des Universums scheint sie wieder zuzunehmen.

Wenn Astronomen von der Entfernung von Galaxien oder Quasaren sprechen, geben sie gerne die Rotverschiebung an. Das hat einfach den praktischen Grund, dass sich diese Größe direkt messen lässt. Daraus können sie zugleich die Epoche, aus der das Licht stammt, herauslesen, wie auch die Entfernung des Objekts. Da sich das Universum ausdehnt, stimmen die Zeit, in die wir zurückblicken, und die sonst damit verbundene Entfernung anhand der Lichtlaufzeit nicht mehr mit der tatsächlichen Entfernung überein.

Darüber hinaus bringt die Tatsache, dass sich durch die Expansion weiter entfernte Regionen mit größerer Geschwindigkeit von uns wegbewegen als nähergelegene, mit sich, dass diese Expansionsgeschwindigkeit ab einer bestimmten Entfernung die Lichtgeschwindigkeit übersteigt! Das ist allerdings kein Widerspruch zur Speziellen Relativitätstheorie. Denn die Bewegung wird hier durch die Expansion des Raums selbst verursacht, und es handelt sich nicht um eine relative Bewegung zweier Objekte zueinander im Raum.

WIE GROSS IST DAS UNIVERSUM?

Je weiter wir blicken, desto tiefer blicken wir also auch in die Vergangenheit. Dabei stellt sich die grundsätzliche Frage, wie groß das Universum überhaupt ist und wie weit wir sowohl in den Raum als auch in die Zeit zurückblicken können. Wie wir gesehen haben, hängt beides gewissermaßen miteinander zusammen. Stellen wir uns zunächst noch einmal ein statisches, also zeitlich unveränderliches Universum vor, das außerdem unendlich sei. Wie weit wir in einem solchen Universum blicken könnten, hinge dann allein von seinem Alter ab. Da die Lichtlaufzeit endlich ist, kann uns nur Licht aus Regionen erreichen, die nicht weiter von uns entfernt sind als die Lichtlaufzeit, die dem Alter des Universums entspricht. Wäre das Universum endlich, könnten wir dann bis an seine Grenzen blicken, wenn es mindestens so alt ist, wie das Licht von dort bis zu uns braucht.

Etwas komplizierter wird es, wenn das Universum mit der Zeit seine Größe ändert und wie das unsrige expandiert. Wie weit wir dann sehen können, hängt vom Alter des Universums und seiner Expansionsrate ab.

Rechnet man das aus den Beobachtungen unseres Kosmos hoch, können wir in alle Richtungen etwa 46 Milliarden Lichtjahre blicken, obwohl wir „nur“ 13,7 Milliarden Lichtjahre in die Vergangenheit schauen. Jene Gebiete, die sich vor 13,7 Milliarden Jahren in dieser Entfernung von uns befunden haben, haben sich durch die Expansion aber weiter von uns fortbewegt. Das bedeutet, dass das beobachtbare

---

Blick zurück: In einem statischen, zeitlich unveränderlichen Universum verläuft unser Blick in die Vergangenheit entlang einem Rückwärtslichtkegel. Expandiert das Universum entsprechend dem Friedmann-Lemaître-Modell, entspricht dieser Rückwärtslichtkegel eher einer „Rückwärtslichtbirne“.

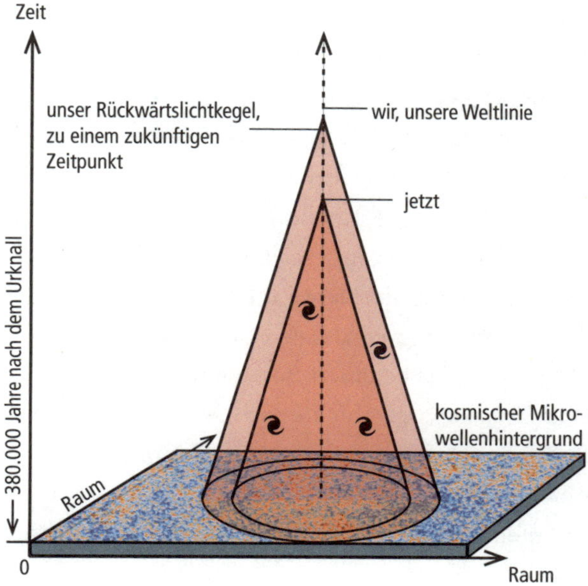
Zeit
unser Rückwärtslichtkegel,
zu einem zukünftigen
Zeitpunkt
wir, unsere Weltlinie
jetzt
380.000 Jahre nach dem Urknall
kosmischer Mikro-
wellenhintergrund
Raum
0
Raum

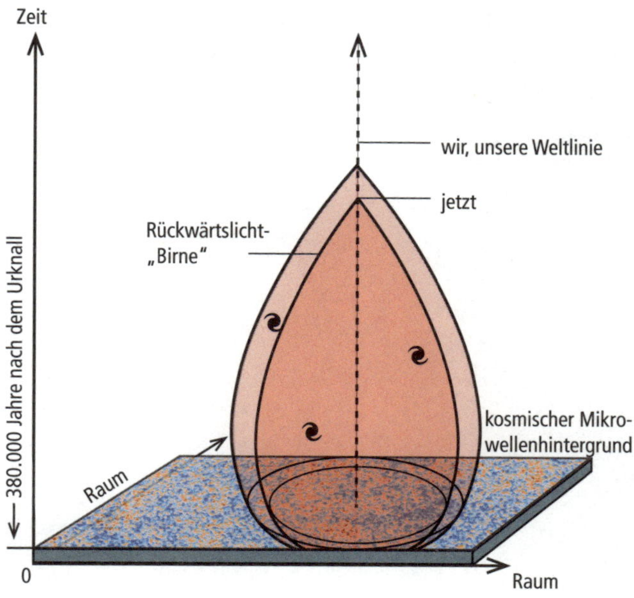
Zeit
wir, unsere Weltlinie
jetzt
Rückwärtslicht-
„Birne"
380.000 Jahre nach dem Urknall
kosmischer Mikro-
wellenhintergrund
Raum
0
Raum

Universum eine Ausdehnung von 92 Milliarden Lichtjahren hat. Wie groß das Universum aber tatsächlich ist, wissen wir nicht. Und auch nicht, ob es endlich oder unendlich groß ist.

Die maximale Distanz, von der aus wir Objekte aufgrund dieser Bedingungen sehen können, wird als Teilchenhorizont bezeichnet. Er lässt sich aus der Lichtgeschwindigkeit und dem Skalenfaktor berechnen. Objekte, die sich innerhalb dieses Teilchenhorizonts befinden, können wir sehen, ihr Licht hatte ausreichend Zeit, zu uns zu reisen, seit das Universum entstanden ist; Objekte, die sich jenseits dieses Teilchenhorizonts befinden, können wir dagegen nicht sehen. Aufgrund der Expansionsgeschichte nach dem Friedmann-Lemaître-Modell vergrößert sich dieser Horizont mit Blick in die Vergangenheit allerdings nicht linear. Zunächst weitet sich dieser Horizont, doch ab einer bestimmten Epoche wird er sich wieder verjüngen (siehe Abb. „Blick zurück“).

Tatsächlich ist aber unser sichtbarer Horizont noch auf andere Weise eingeschränkt. Denn wir können in der Zeit nur bis zum Ende der heißen Phase des Universums zurückblicken, als es durchsichtig wurde; jener Zeit also, aus der uns die kosmische Hintergrundstrahlung erreicht.

Fernes Universum: In der Aufnahme des Hubble Ultra Deep Field finden sich Galaxien aus einer Epoche, als das Universum nur 800 Millionen Jahre alt war. Da das Universum seitdem expandiert ist, lässt sich ihre Entfernung nur indirekt berechnen.

KAPITEL 8

TROUBLE MIT HUBBLE

Warum es so schwierig ist, den Hubble-Parameter dingfest zu machen, und wie das Universum vielleicht einmal enden wird

Dunkle Mächte: Wie das Universum expandiert, hängt von seinem Gehalt an Materie, inklusive der Dunklen Materie, und der Dunklen Energie ab. Das Zusammenspiel von gewöhnlicher und Dunkler Materie tritt anschaulich in größeren Galaxienhaufen wie hier in Abell 370 hervor.

Dass das Universum expandiert, wissen wir seit fast 100 Jahren. Eine grundlegende Frage, die Astronomen und Kosmologen aber nach wie vor beschäftigt, ist, wie schnell es das tut. Für unser menschliches Dasein mag die Antwort darauf zwar bedeutungslos erscheinen. Für Kosmologinnen und Kosmologen aber, die sich für das Universum als Ganzes und seine zeitliche Entwicklung interessieren, ist sie essenziell. In unserem kosmologischen Modell bestimmt der Gehalt an Energie und Materie die Expansionsgeschichte des Universums; umgekehrt sagt die Ausdehnungsgeschwindigkeit, und wie sich diese mit der Zeit ändert, etwas über die Zusammensetzung des Universums aus.

Seit sich die Strahlung 380.000 Jahre nach dem Urknall von der Materie entkoppelt hatte, war die Materie die vorherrschende Substanz im Kosmos, so der Stand in den 1980er-Jahren. In einem sich ausdehnenden, materiedominerten Universum sollte die Gravitation der Expansion entgegenwirken und diese mit der Zeit ausbremsen. Und das sollte sich auch in einem entsprechend veränderlichen Hubble-Parameter niederschlagen. Messen lassen sollte sich das, indem man die Expansionsgeschwindigkeit in Abhängigkeit von der Entfernung über die Historie beziehungsweise über das gesamte beobachtbare Universum hinweg vergleicht.

Dazu eignet sich am besten die Entfernungsmessung anhand von Supernovae Ia als Standardkerzen. Einerseits erhält man mittels ihrer Helligkeit die Entfernung bis nahezu über das gesamte beobachtbare Universum hinweg, andererseits lässt sich unabhängig davon ihre Rotverschiebung, und damit die Ausdehnungsgeschwindigkeit zu bestimmten Epochen und damit die Hubble-Konstante, messen: Kennt man im Gegenzug bereits den Hubble-Parameter, ist die Rotverschiebung ihrerseits auch ein gutes Maß für die Entfernung.

So machte sich Saul Perlmutter vom Lawrence Berkeley National Laboratory mit seinem Team Ende der 1980er-Jahre daran, nach der

Ferne Standardkerzen: Supernovae vom Typ Ia gelten als Standardkerzen zur Entfernungsbestimmung. Die Supernova 2011fe in der 21 Millionen Lichtjahre entfernten Galaxie M 101 hat dazu beigetragen, die Modelle für die Leuchtkraft dieser Sternexplosionen zu verbessern.

vermuteten abgebremsten Ausdehnung des Universums zu suchen. Dass dies ein mehrjähriges Unterfangen werden würde, schien offensichtlich. Denn diese Supernova-Explosionen sind so selten, dass nur mit wenigen derlei Ereignissen in einer Galaxie pro Jahrtausend zu rechnen ist. Richtet man den Blick entsprechend weit in die Ferne, ist die Zahl an Galaxien natürlich hinreichend groß, sodass sich auch auf menschlichen Zeitskalen eine sinnvolle Stichprobe an Supernova-Explosionen beobachten lässt. Vier Jahre dauerte es, bis den Forschern die erste Supernova bei entsprechend großer Rotverschiebung ins Netz ging; die ersten Ergebnisse mit sieben solcher Ereignisse veröffentlichten sie 1995. In der Zwischenzeit hielten noch weitere Astronomen Ausschau nach diesen fernen Supernovae. Unter anderem koordinierten Brian Schmidt vom Mount Stromlo Observatory in Australien und Nicholas Suntzeff vom Cerro Tololo Inter-American Observatory in Chile eine systematische Suche nach Typ-Ia-Supernovae bei großen Rotverschiebungen.

BESCHLEUNIGTE EXPANSION

Die Daten, die die Arbeitsgruppen von Perlmutter und Schmidt 1998 mit inzwischen größeren Stichproben unabhängig voneinander veröffentlichten, förderten eine große Überraschung zutage: Die Sternexplosionen erschienen bei größeren Rotverschiebungen schwächer, als es für einen mit der Zeit langsamer expandierenden Kosmos zu erwarten wäre. Das Gegenteil war offensichtlich der Fall: Alles deutete darauf hin, dass sich das Universum heute schneller als früher ausdehnt. Bei allem Zweifel in der Fachwelt waren die Ergebnisse einfach zu eklatant, als dass sie sich ignorieren ließen, zudem stimmten die Funde der unabhängigen Arbeiten zu gut miteinander überein. Was das Universum beschleunigt auseinandertrieb, konnte man jedoch noch nicht erklären, vermutet wurde die sogenannte Dunkle Energie. Für die Entdeckung erhielten Saul Perlmutter, Brian Schmidt und Adam Riess aus Schmidts Team 2011 den Nobelpreis für Physik.

Die Frage nach der Ursache für die beschleunigte Expansion und der Dunklen Energie führt zurück bis zu den Anfängen der Allgemeinen Relativitätstheorie, und zwar zu jener kosmologischen Konstanten, die Albert Einstein zunächst behelfsmäßig in seine Feldgleichungen einführte, um ein statisches Universum zu gewährleisten. Mit den Lösungen von Friedmann und Lemaître wurde der Term aber zunächst überflüssig. Außerdem manifestierte sich anhand der Beobachtungen von Slipher und Hubble ja immer mehr, dass das Universum keineswegs statisch ist.

Entfernungsleiter im Einsatz: Die verschiedenen Methoden der Astronomen, um Entfernungen über große Distanzen bis an den Rand des beobachtbaren Universums zu messen, müssen aufeinander geeicht werden. Dazu hat auch das Spitzer Telescope mit Beobachtungen von Cepheiden in der Milchstraße und der Großen Magellanschen Wolke im Infraroten beigetragen.

Von da an führte die kosmologische Konstante bis auf Weiteres ein Schattendasein – solange, bis der britische Mathematiker und Physiker David Lovelock 1970 ihre tatsächliche Relevanz erkannte: Er zeigte, dass die Allgemeine Relativitätstheorie für eine vierdimensionale Raumzeit durch diesen zusätzlichen Term überhaupt erst eindeutig wurde. Während die kosmologische Konstante mathematisch gesehen die ART erst vervollständigt, mag sie physikalisch zunächst einmal widersinnig erscheinen, denn sie verkörpert einen abstoßenden Teil der Gravitation, der noch dazu mit zunehmendem Abstand wächst. Und das widerspricht unseren Alltagserfahrungen gewaltig. Doch über große Distanzen würde die abstoßende Wirkung der Gravitation überwiegen und könnte so die beobachtete beschleunigte Ausdehnung des Universums erklären.

Dabei ist das gewiss nicht die einzige Möglichkeit, die „Dunkle Energie“ als Ursache für die beschleunigte Expansion zu interpretie-

Mit Hubble gegen Trouble: Dank neuerer Beobachtungen mit der Wide Field Camera 3 des Hubble Space Telescope lässt sich die Hubble-Konstante noch einmal genauer bestimmen. Dazu haben Astronomen die Entfernungen von Cepheiden sowohl anhand der Periode-Leuchtkraft-Beziehung als auch mit der Supernova-Methode in verschiedenen Galaxien (hier NGC 3972 und NGC 1015) bestimmt.

ren, wohl aber die einfachste. So hält etwa der theoretische Physiker und Kosmologe Matthias Bartelmann von der Universität Heidelberg dies auch für die plausibelste Erklärung.

Übrigens war bereits Isaac Newton auf eine ähnliche Eigenschaft der Gravitation gestoßen: Als er sein Gravitationsgesetz formulierte, bemerkte er, dass zwei Gesetzmäßigkeiten die Wirkung der Schwerkraft für eine Punktmasse beschreiben würden: Eine mit dem Quadrat des Abstandes abnehmende Wirkung, so wie wir sie kennen, und eben eine mit dem Abstand direkt proportional zunehmende. Doch letztere Möglichkeit verwarf er rasch wieder, denn es gab ja keinerlei experimentelle Anhaltspunkte dafür.

In der Zwischenzeit hatten auch Beobachtungen des WMAP-Satelliten eine kosmologische Konstante nahegelegt, die wenige Jahre später der Planck-Satellit bestätigte. Auf den ersten Blick mögen diese Ergebnisse also ganz hervorragend übereinstimmen. Doch bei näherem Hinsehen entpuppt sich die Lage mittlerweile alles andere als eindeutig.

Lange galten in der Astrophysik verhältnismäßig große Fehlertoleranzen als akzeptabel. Dies ist unter anderem den experimentellen Gegebenheiten geschuldet. Bei der extragalaktischen Entfernungsmessung etwa waren Unsicherheiten von zehn Prozent oder mehr lange durchaus geläufig. Gerade in den letzten zwei Jahrzehnten ist die Entfernungsbestimmung aber vor allem dank des Hubble Space Telescope deutlich zuverlässiger geworden. Noch vor Beginn der Ära des HST lag der Messfehler bei der Hubble-Konstanten bei rund 50 Prozent, dank des HST ließ sich die Unsicherheit je nach Messmethode zunächst auf weniger als zehn Prozent senken, inzwischen liegt sie deutlich unterhalb von fünf Prozent.

Darüber hinaus fehlte es lange an einer einheitlichen Kalibrierung der unterschiedlichen Messmethoden oder man vernachlässigte schlicht bestimmte physikalische Effekte in der Annahme, dass sie bei der ohnehin recht großen Fehlertoleranz nicht ins Gewicht fallen würden.

Die neuen Möglichkeiten der Präzisionskosmologie waren Segen und Fluch zugleich: Mit zunehmend genaueren Messungen wich jener Wert der Hubble-Konstanten, der sich aus den Messungen im heutigen Universum ergab, immer mehr von jenem Wert ab, der aus den Planck-Daten bestimmt worden war. Und das liegt nicht etwa daran, dass der nach Planck ermittelte Wert aus einer anderen Epoche stammt. Denn aus den Beobachtungen des frühen Universums lässt sich sehr wohl der heutige Hubble-Parameter ermitteln.

Nichtsdestotrotz sind das Ergebnis von Planck und die Messungen von H_0 im lokalen Universum auf höchst unterschiedliche Art und Weise zu Stande gekommen. In die anhand von Planck ermittelten Ergebnisse flossen jede Menge Modellannahmen ein. Aus der Intensitätsverteilung und dem Polarisationsmuster in der kosmischen

Mikrowellenhintergrundstrahlung leiteten die Forscher die physikalischen Bedingungen ab, die zum damaligen Zeitpunkt, etwa 380.000 Jahre nach dem Urknall, geherrscht haben mussten. Dann wählten sie das am besten damit übereinstimmende kosmologische Modell aus und schätzten unter anderem den Anteil an Dunkler Materie und Dunkler Energie beziehungsweise den Wert der kosmologischen Konstante ab. Darauf aufbauend extrapolierten sie die Entwicklung des Universums bis heute und berechneten auf eben diese Weise H_0.

Der aus den 2013 veröffentlichen Daten des Weltraumteleskops Planck ermittelte Wert für H_0 beträgt (67,4 ± 1,4) km s^{-1} Mpc^{-1}. Jener aus Messungen im heutigen, lokalen Universum berechnete variiert je nach Beobachtungsmethode etwas und liegt deutlich oberhalb von 70 km s^{-1} Mpc^{-1}; die aktuellsten Berechnungen kommen auf Werte um 73 km s^{-1} Mpc^{-1}. Dabei sind die Fehler der nach den unterschiedlichen Methoden ermittelten Werte hinreichend klein, so dass sie den jeweils anderen Wert von H_0 nicht mehr innerhalb der Toleranzgrenzen abdecken.

GEFRAGT IST HÖCHSTE PRÄZISION

Um die Hubble-Konstante zuverlässig zu bestimmen, ist eine exakte Vermessung der extragalaktischen Entfernungsskala über mehrere zehn bis hundert Millionen oder mehr Lichtjahre unabdingbar. Denn unmittelbar vor unserer kosmischen Haustür ist die durch die Expansion verursachte Geschwindigkeitskomponente der Galaxien zu gering, als dass sie sich bei den Messungen bemerkbar machen würde, sodass sich das Hubble-Lemaître-Gesetz gar nicht anwenden lässt. Auf kosmischen Skalen unterhalb davon herrschen die Eigenbewegungen zwischen Galaxien vor, die etwa durch ihre gravitative Wechselwirkung untereinander entstehen, wenn diese in größeren

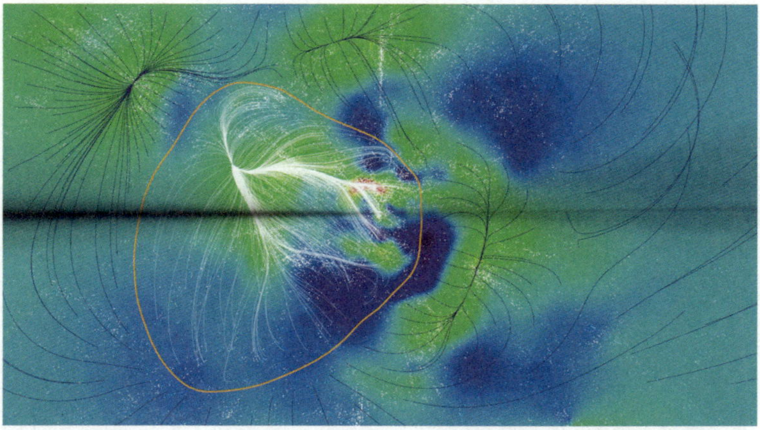

Extragalaktische Eigendynamik: Die Milchstraße ist Teil des Superhaufens Laniakea. Die darin enthaltenen Sternsysteme unterliegen einer Eigendynamik, die unter anderem auf die Wechselwirkung der Schwerkraft untereinander zurückzuführen ist. Die Expansion des Universums kommt erst weiter außen zum Tragen.

Ensembles gebunden sind. Eindrücklich zeigen das die Arbeiten von Brent Tully vom Institute for Astrophysics der University of Hawaii an dem Projekt „Cosmicflows". Darin studiert er mit seinen Kollegen die Relativbewegungen von Galaxien und Galaxienhaufen über kosmische Entfernungsskalen.

Doch die Messmethoden, die für die verschiedenen Entfernungsstufen bis dort hinaus in Frage kommen, greifen oft nicht nahtlos ineinander. Auch die Methode der Supernovae vom Typ Ia als Standardkerzen birgt ihre Ungenauigkeiten. Zwar mag die Methode in sich stimmig sein, da es sich um denselben Sterntyp handelt, der explodiert und damit gleich viel Energie abstrahlen sollte. Da aber diese Ereignisse so selten vorkommen, gibt es in unserer Nähe keine Vergleichsobjekte mit bekannter Entfernung, um ihre Helligkeit direkt daran zu eichen. Zudem kennen wir ihre wahre Leuchtkraft nicht und sind auf Modelle dazu angewiesen.

Vielseitiger Megamaser: Anhand von Megamasern in aktiven Galaxien wie hier NGC 4258 (M 106) lassen sich Entfernungen bis 200 Megaparsec direkt bestimmen. Auf diesem Weg können die Messungen der klassischen Drei-Stufen-Methode unabhängig überprüft werden.

In dem Projekt SH_0ES (Supernovae, H_0, for the Dark Energy Equation of State; H_0 steht dabei für die Hubble-Konstante) hat sich Adam Riess gemeinsam mit Kollegen zum Ziel gesetzt, die Schritte der klassischen dreistufigen Entfernungsskala von der Parallaxenmethode über die Cepheiden bis hin zu den Supernovae vom Typ Ia zu homogenisieren und dadurch den Fehler der Hubble-Konstanten auf wenige Prozent zu reduzieren. Dazu haben die Wissenschaftler zunächst die Periode-Leuchtkraft-Beziehung von Cepheiden auf

Große Magellansche Wolke: Die Große Magellansche Wolke dient auch heute wieder als Referenzgalaxie zur Eichung von Helligkeitskurven von Pulsationsveränderlichen wie Cepheiden und RR-Lyrae-Sternen. Ihre Entfernung und Metallizität sind gut bekannt.

unterschiedlichen Wegen neu geeicht: in der Milchstraße anhand der neuesten Beobachtungen mit dem Gaia-Satelliten, in der Großen Magellanschen Wolke anhand von bedeckungsveränderlichen Doppelsternen und außerdem in der 7,2 Megaparsec entfernten aktiven Galaxie NGC 4258, in deren Zentrum Wasserstoff als gigantischer Megamaser leuchtet. Anhand dieser ausgedehnten Strahlungsquellen lässt sich die Entfernung sehr gut über eine geometrische Methode unabhängig bestimmen. Hierzu verwendeten sie die bisher größte

Kleine Magellansche Wolke: Die Kleine Magellansche Wolke, hier im Ausschnitt das Gebiet um den Sternhaufen NGC 346, diente ebenfalls als Referenzgalaxie für Cepheiden.

Stichprobe solcher Pulsationsveränderlicher mit einer Periodendauer von mehr als zehn Tagen. Bei früheren Messungen waren die Stichproben häufig zu klein und nicht einheitlich, was sich letztlich in Unsicherheiten bei der Entfernungsbestimmung niederschlug.

Schließlich verglichen Riess und seine Kollegen die Helligkeitskurven der Cepheiden in NGC 4258 sowie weiteren Referenzgalaxien bei niedriger Rotverschiebung, also in unserer näheren Umgebung, in denen sich jeweils eine Supernova vom Typ Ia ereignet hatte. Maßgeblich dabei war, dass die Daten für alle Sterne mit denselben Instrumenten und fotometrischen Filtern gewonnen worden waren. Außerdem berücksichtigten die Wissenschaftler in ihren Stichproben in NGC 4258 sowie den Referenzgalaxien die Elementhäufigkeit und Periodenlänge, um systematische Fehler zu reduzieren. Lange war die Periode-Leuchtkraft-Beziehung von Cepheiden als universell gültig und unabhängig von Periode und chemischer Zusammensetzung der Sterne angenommen worden.

Doch seit einiger Zeit mehren sich die Hinweise darauf, dass durchaus eine Abhängigkeit zu diesen Größen besteht. Die Elementhäufigkeit in den Cepheiden bestimmten die Wissenschaftler anhand der relativen Häufigkeit von Sauerstoff-HII-Regionen (O/H) in deren Umgebung, in der weithin akzeptierten Annahme, dass Sterne und übriges Material in der Nachbarschaft dieselbe Zusammensetzung aufweisen. Außerdem beobachteten sie die Cepheiden im nahen Infrarot, da dort vermutlich die Elementeverteilung nicht so sehr ins Gewicht fällt. Anhand der so neu geeichten Leuchtkräfte der Cepheiden kalibrierten sie die Supernova-Helligkeiten und ermittelten dann H_0 im Hubble-Flow zu $(73{,}04 \pm 1{,}04)$ km s^{-1} Mpc^{-1}.

ALTERNATIVE METHODEN

Bei ähnlichen aktiven Galaxien wie NGC 4258, die weiter entfernt sind und sich bereits im Hubble-Flow befinden, bietet sich die Megamaser-Methode als Alternative zur direkten Entfernungsmessung und Abschätzung der Hubble-Konstanten an. Hieran arbeiten Wissenschaftler in einer Kollaboration Namens Megamaser Cosmology Project (MCP) unter der Ägide von Jim Braatz vom National Radio

Blaue Überriesen: Ein Exemplar eines solchen hellen Sterns in der Endphase ist Rigel im Sternbild Orion, der mit seiner Strahlkraft den Nebel IC 2118 ausleuchtet. Diese Sterne sind so hell, dass sie sich auch in fernen Galaxien spektroskopieren lassen.

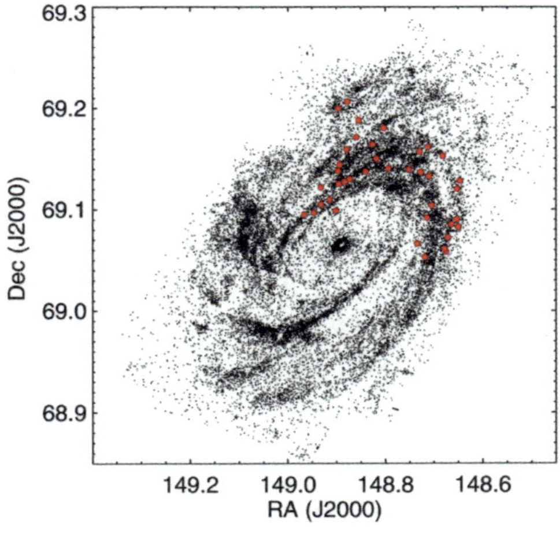

Präzisionsarbeit: In der fast 12 Millionen Lichtjahre entfernten Galaxie M 81 haben Astronomen Blaue Überriesensterne spektroskopisch untersucht. Je besser man die Eigenschaften der Sternatmosphäre kennt, desto genauer lässt sich auch die Entfernung der Galaxie bestimmten.

Nachbargalaxie: In der Aufnahme des Hubble Space Telescope erscheint die Galaxie M 81 im Sternbild Großer Bär als typische Spiralgalaxie.

Astronomy Observatory in den USA. In einer 2020 in den *Astrophysical Journal Letters* erschienenen Studie geben sie H_0 mit (73,9 ± 3,0) km s^{-1} Mpc^{-1} an. Dieser Wert liegt nahe bei jenem aus dem SH_0ES-Projekt, vor allem unterscheidet er sich ähnlich stark von der anhand der Planck-Daten bestimmten Hubble-Konstanten.

Noch einen anderen Ansatz zur Entfernungsmessung verfolgt ein internationales Team um Rolf-Peter Kudritzki von der Universität Hawaii. Dazu untersuchen die Astronomen die Spektren besonders heller, heißer sogenannter Blauer Überriesen. Diese Sterne vom Zehn- bis Fünfzigfachen der Sonnenmasse befinden sich gegen Ende ihres Daseins in einer Übergangsphase, während derer sie über einen Zeitraum von rund 10.000 Jahren 10^5- bis 10^6-mal heller leuchten als die Sonne. Damit sind Blaue Überriesen die hellsten Sterne überhaupt.

Eichung mit Riesensternen: Überriesensterne bieten eine weitere Alternative zur Entfernungsbestimmung. Sie lassen sich in fernen Galaxien zwar nicht einzeln auflösen, aber sie strahlen so hell, dass ihr Licht in den Spektren dieser Galaxien dominiert. So diente die Galaxie NGC 3621 in einer Entfernung von 24 Millionen Lichtjahren zur Eichung mit Riesensternen.

Aus ihren Spektren lässt sich sehr genau ihre chemische Zusammensetzung herauslesen. Wie stark die einzelnen Spektrallinien ausgeprägt sind, hängt aber nicht nur von der vorhandenen Menge eines bestimmten Elements ab, sondern auch von der Schwerkraft an der Oberfläche des Sterns und von seiner Gesamtleuchtkraft. Diese komplexen Zusammenhänge sind inzwischen gut bekannt. Anhand von ausgereiften Modellen können die Astrophysiker die spezifischen

Spektren am Computer simulieren und ihre Beobachtungen mit diesen vergleichen. Die Ergebnisse lassen sich für die Präzisierung der extragalaktischen Entfernungsskala auf zweierlei Weise nutzen. Zum einen eignen sich diese Überriesen so als weitere unabhängige Standardkerzen. Zum anderen liefern die gemessenen Elementhäufigkeiten der Blauen Überriesensterne auch eine gute Referenz für die Cepheiden-Zusammensetzung in der betreffenden Region.

Diese Methode funktioniert für Galaxien auch außerhalb der Lokalen Gruppe bis zu Entfernungen von etwas mehr als 30 Millionen Lichtjahren. Zwar lassen sich die Überriesensterne über solche Distanzen teilweise optisch nicht mehr einzeln auflösen. Mit 10^5 bis 10^6 Sonnenleuchtkräften sind sie aber so hell, dass sie alle Sterne in ihrer näheren Umgebung überstrahlen. Daher dominiert in den Sternspektren das Licht dieser Überriesensterne so sehr, dass lichtschwächere Sterne kaum ins Gewicht fallen. Mit dieser Methode ergab sich etwa für die Spiralgalaxie M 81 eine Entfernung von (3,47 ± 0,16) Megaparsec. Für die Galaxie NGC 3621, die als Eichgalaxie für die Tully-Fisher-Methode gilt, konnte eine Entfernung von (6,52 ± 0,28) Megaparsec berechnet werden.

BARYONISCHE SCHWINGUNGEN

Eine von den oben genannten Techniken vollkommen unabhängige Methode zur Bestimmung des Hubble-Parameters liegt in der Struktur des Universums selbst verborgen. Dabei sehen sich die Kosmologen die Wabenstruktur im Universum genauer an. Denn in ihr sollten sich auch heute noch jene akustischen Schwingungen widerspiegeln, die sich in der dichten heißen, baryonischen (d. h. gewöhnlichen) Urmaterie ausgebreitet haben. Als die Strahlung von der Materie entkoppelte, wurden die akustischen Schwingungen von damals

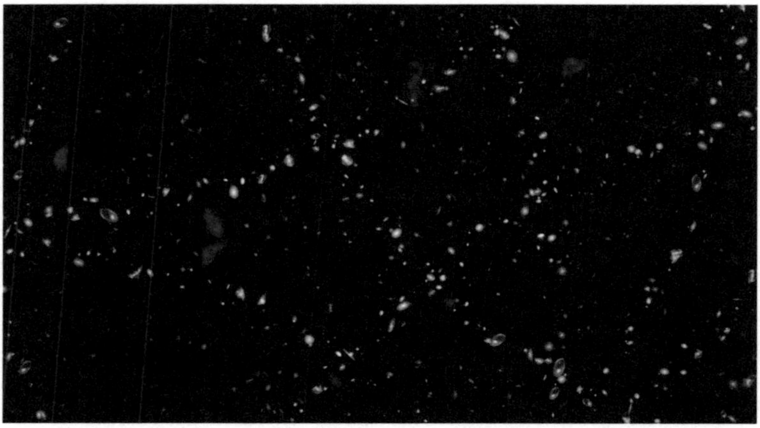

Beschwingte Expansion: Die akustischen Schwingungen des heißen Urplasmas aus der Zeit 380.000 Jahre nach dem Urknall sollten der Materie aufgeprägt geblieben sein und sich noch in der heutigen Struktur des Kosmos widerspiegeln. Da sie mit der Expansion mitgewachsen sind, bieten sie eine unabhängige Möglichkeit, die Hubble-Konstante zu bestimmen (Illustration).

in der Materie eingefroren. Während sich die großräumige Struktur im Universum bildete, blieb ihr nach wie vor das Muster dieser akustischen Schwingungen aufgeprägt. Mit der Expansion des Universums sind auch sie mitgewachsen. Diese baryonischen Schwingungen wurden für das heutige Universum erstmals 2005 in Beobachtungen des Sloan Digital Sky Survey und des 2dF Galaxy Redshift Survey festgestellt. Sie erstrecken sich heute über 490 Millionen Lichtjahre. Kosmologen interessieren sich insbesondere dafür, wie sich diese Oszillationen im Laufe der Evolution des Universums vergrößert haben. Denn so sind sie ein direktes Abbild der Expansion und damit auch der Entwicklung des Hubble-Parameters mit der Zeit.

In einer 2019 vorgestellten Studie, ebenfalls basierend auf den Daten des Sloan Digital Sky Survey, haben Wissenschaftlerinnen und Wissenschaftler erstmals die Hubble-Konstante aus baryonischen akustischen Schwingungen bestimmt. Aus der aktuellen Strukturkarte konnten sie ableiten, dass sich das Universum seit sechs Milliarden Jahren zunehmend schneller ausdehnt und mit ihren von der Supernova-Methode unabhängigen Messungen die beschleunigte Expansion bestätigen. Der dabei bestimmte Wert für die Hubble-Konstante liegt näher an jenem aus den Planck-Daten als an demjenigen, den die Astronomen aus Messungen im heutigen Universum ermittelten.

An die Messungen des SDSS knüpfen auch die weit umfassenderen Beobachtungen des Dark Energy Spectrometer Instrument (DESI) an, die im Oktober 2025 veröffentlicht wurden. Hierzu haben die Wissenschaftler die baryonischen akustischen Schwingungen über viele Epochen hinweg bis zu einer Zeit vor elf Milliarden Jahren anhand von über 14 Millionen Galaxien und Quasaren untersucht. Auch hierbei zeichnet sich zunehmend ab, dass sich die Dunkle Energie mit der Zeit ändert und in der jüngeren kosmischen Vergangenheit

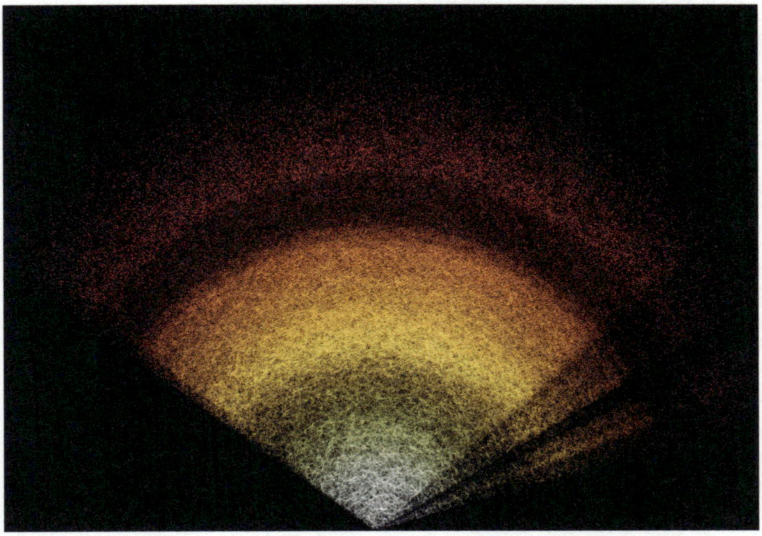

DESI-Universum-Update: Die nun umfassendste 3D-Karte des Universums enthält über 14 Millionen Galaxien und Quasare und reicht elf Milliarden Jahre zurück. In dieser Abbildung ist ein Ausschnitt davon zu sehen.

stärker zugenommen hat. Die Messungen mit DESI laufen noch bis einschließlich 2026 weiter; wir dürfen also gespannt sein, ob sich diese Erkenntnisse erhärten.

Die Frage nach der Ursache für die Diskrepanz in den unterschiedlichen Werten für die Hubble-Konstante bleibt aber auch damit nach wie vor ungelöst, und vor allem die Grundsatzdebatte darüber, ob der Unterschied durch systematische Fehler der unterschiedlichen Messmethoden zustande kommt oder doch fundamentaler Natur ist. Damit würde das kosmologische Standardmodell in Frage gestellt. Denn mit seinen Anfangsparametern und grundlegenden Eigenschaften zur Expansion bestimmt es ja auch die Entwicklung des Hubble-Parameters.

So gut das Friedmann-Lemaître-Modell das Universum im Großen und Ganzen beschreibt, so deckt es doch auch Teile der fundamentalen Physik nicht ab. Außerdem bedient es sich mindestens dreier physikalischer Parameter, die wir bisher nur indirekt oder überhaupt noch nicht gemessen haben: die Inflation, die Dunkle Materie und die Dunkle Energie. Daneben gibt es noch eine ganze Reihe weiterer Unstimmigkeiten, doch diejenige der Hubble-Konstanten ist die derzeit am prominentesten diskutierte.

Abseits der Diskussion um systematische oder vielfache Fehlerquellen hat sich in der Community eine heiße Debatte darum entsponnen, welche fundamentalen Gegebenheiten des Universums die Differenzen der unterschiedlichen Messergebnisse verursachen könnten. Da reizt es natürlich sehr, unter diesen Voraussetzungen am Fundament zu rütteln. Es ist also gut möglich, dass wir dieses Modell in irgendeiner Form erweitern müssen oder sich gar eine neue, bisher noch unbekannte Theorie viel besser dazu eignet, unseren Kosmos zu beschreiben. So sieht das auch Jochen Weller von der Ludwig-Maximilians-Universität München und der Universitäts-Sternwarte München.

DIE ZUKUNFT DES UNIVERSUMS

Nicht zuletzt wird diese Diskussion über die Grundeigenschaften des Kosmos auch unsere Vorstellung von der Zukunft des Universums betreffen. Diese lässt sich nicht vorhersehen, aber unter den gegebenen Anfangsbedingungen und anhand des kosmologischen Modells, das das Weltall von Beginn an bis heute am besten beschreibt, in die Zukunft extrapolieren.

Ebenso wie in der Vergangenheit wird auch das zukünftige Schicksal des Universums vom Zusammen- oder Gegenspiel aus Expansion und Gravitation abhängen. Das Verhältnis der beiden entscheidet darüber, ob das Universum in alle Ewigkeit expandieren wird oder ob die Expansion irgendwann durch die vorhandene Materie so weit gebremst wird, dass sich das Universum wieder zusammenziehen wird. Der Mittelweg wäre, dass die Expansion irgendwann in sehr ferner Zukunft zum Stagnieren kommt; diese Modelle hatte bereits Lemaître beschrieben; mit unseren heutigen Beobachtungen können wir sie – ein wenig zumindest – mit Daten füllen und auf dieser Basis erste Abschätzungen für das Schicksal des Universums vornehmen.

Vor allem wird sich dieses nach einer aus der Thermodynamik bekannten Gesetzmäßigkeit richten. Demnach strebt ein abgeschlossenes System mit der Zeit einem thermischen Gleichgewicht entgegen. Damit verbunden ist die physikalische Größe der Entropie, die im Volksmund gerne als „Maß der Unordnung“ oder „Größe des Chaos“ bezeichnet wird. Bereits der Physiker Rudolf Clausius (1822–1888), der jenen zweiten Hauptsatz der Thermodynamik formulierte, folgerte, dass das Universum einem Wärmetod entgegenstreben würde. Das würde freilich nur dann zutreffen, wenn das Universum ein abgeschlossenes System wäre. Ob das tatsächlich so ist, wissen wir nicht, aber man geht heute in der Kosmologie weitgehend davon aus. Um die Entropie in einem solchen System zu reduzieren, muss Energie

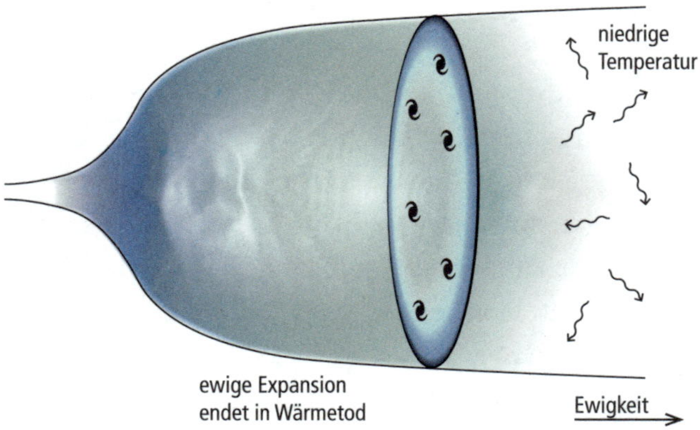

Wärmetod: Die Zukunft des Universums hängt von verschiedenen Bedingungen ab: seiner Materiedichte und seiner Energiedichte. Nach aktuellem Stand ist die wahrscheinlichste Zukunft ein Wärmetod, das heißt, das Universum wird immer weiter expandieren bis alle Materie verwertet und zerstrahlt ist.

oder Wärme aufgewandt werden. Die „Ordnung" oder Organisiertheit, die wir heute in Galaxien, Sternen oder Planetensystemen beobachten, lässt zunächst vermuten, dass das Universum seit dem Urknall an Entropie eher verloren hat. Lokal mag das der Fall sein, aber in seiner Gesamtheit hat seine Entropie seither deutlich zugenommen. Und daran sind erstaunlicherweise auch die sonst recht verborgenen Schwarzen Löcher wesentlich beteiligt. Denn dank ihnen ist die Entropie bereits heute bedeutend größer als beim Urknall. Und so dürften sie auch ganz wesentlich dazu beitragen, dass der Kosmos einem Wärmetod entgegenstrebt.

Bereits Mitte der 1970er-Jahre schlug Stephen Hawking vor, dass Schwarze Löcher eben doch eine bestimmte Form von Strahlung aussenden könnten, die nach ihm benannte Hawking-Strahlung (siehe Kapitel 2, S. 61). Der Theoretiker Jacob Bekenstein (1947–2015) hatte kurz davor spekuliert, dass die Fläche des Ereignishorizonts ein Maß für die thermodynamische Entropie darstellen könnte.

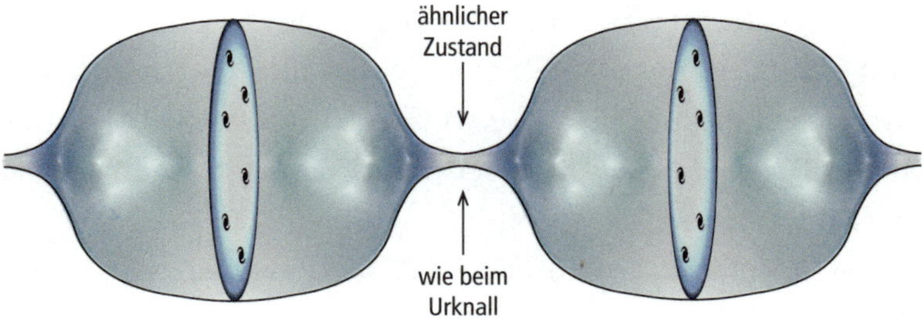

Zyklisches Universum: Ein alternatives Modell ist das zyklische Universum. Hier kommt die Expansion mit der Zeit zum Erliegen und kehrt sich in einen Kollaps um. Ab einer bestimmten Dichte ist wieder ausreichend Energie vorhanden, um erneut zu expandieren.

Die Entropie lässt sich auch als Maß für den Informationsgehalt eines Systems ansehen: Je höher die Entropie, umso mehr Information steckt in dem System. Bekenstein und Hawking berechneten erstmals die Entropie eines Schwarzen Lochs. Aber diese passte gar nicht zu derjenigen des Vorläufersterns, aus dem das Schwarze Loch entstanden ist. Bis heute ist nicht abschließend geklärt, was mit Entropie und Information in einem Schwarzen Loch geschieht. Im Rahmen der Relativitätstheorie könnte Information im Loch vernichtet werden; dem widersprechen aber die Konzepte der Quantenphysik. Auch die Stringtheorie nimmt sich des Entropie-Rätsels an und liefert Lösungen für einen endlichen Entropiegehalt. Damit könnte die Information vom Ereignishorizont für einen außenstehenden Beobachter verfügbar werden.

Die astronomisch nähere Zukunft des Universums lässt sich relativ zuverlässig vorhersagen. Wie wir aus Sternentwicklungsmodellen und unzähligen Beobachtungen von Sternen in unterschiedlichen

Lebensphasen wissen, wird sich die Sonne nach etwa noch einmal der Zeit ihrer bisherigen Lebensdauer, in fünf Milliarden Jahren, in einen Roten Riesen verwandeln. Wenn sich unser Mutterstern aufbläht, wird es auf der Erde zunächst so heiß, dass alles Wasser verdampft und schließlich unser Heimatplanet verkohlt. Zu guter Letzt wird die sterbende Sonne diesen Überrest der Erde vermutlich vollständig in sich aufnehmen.

Vorhersagen für die fernere Zukunft des Universums stützen sich auf grobe Schätzungen, die schließlich größtenteils in Spekulationen übergehen. Man geht davon aus, dass nach einer bis hundert Billionen Jahren kein Material zur Sternentstehung mehr zur Verfügung steht, sich also auch keine neuen Sterne mehr bilden können. Die letzten Sterne dürften nach 120 Billionen Jahren erloschen sein. Von ihnen bleiben, je nach Masse, Weiße Zwerge, Neutronensterne oder Schwarze Löcher übrig. Doch auch diese Objekte werden nicht für ewig weilen. Sie werden mit der Zeit ins Zentrum ihrer Galaxie wandern und schließlich in deren ohnehin schon extrem massereichen Schwarzen Loch verschwinden. In 10^{20} Jahren, so die Schätzung, sollten kaum noch ausgebrannte Sterne übrig sein. Die restliche Materie, die nicht in Schwarzen Löchern gebunden ist, wird in ferner Zukunft in Elementarteilchen und Photonen zerfallen.

Schließlich dürften auch die Schwarzen Löcher nach und nach über die Hawking-Strahlung „verdampfen“. Dies geschieht über einen Zeitraum von 100^{100} Jahren; danach sollte das Universum nur noch Photonen und Gravitonen enthalten – sehr langwellige beziehungsweise niederenergetische Photonen, da sich das Universum immer weiter ausdehnt. Thermodynamisch ist das Universum dann im Gleichgewicht bei maximaler Entropie angekommen. Es endet mit dem „Wärmetod“. Aber wird das wirklich immer so weitergehen?

NUR EINE FRAGE DER DUNKLEN ENERGIE?

Wie bei seiner Entwicklung von Beginn an, ist auch hier die entscheidende Frage, wie groß der Gehalt an Energie, an Materie und an Strahlung im Kosmos ist, und vor allem wie sich diese Größen mit der Zeit quantitativ zueinander verändern. Während sich das Universum ausdehnt, nehmen sowohl Strahlungsdichte als auch Materiedichte mit der Zeit ab, allerdings in unterschiedlichem Maße. Doch mit der Dunklen Energie verhält es sich anders.

Vom Urknall her wissen wir, dass das Universum zunächst strahlungsdominiert war. Nach einer gewissen Zeit, als es sich hinreichend ausgedehnt und abgekühlt hatte, entkoppelte die Strahlung von der

Blick auf das große Ganze: Das nach der ehemaligen NASA-Chefastronomin Nancy Grace Roman benannte Infrarot-Observatorium soll voraussichtlich 2027 ins All starten. Es wird darauf ausgelegt sein, die Ausdehnung des Universums in seiner Historie und die Entwicklung kosmischer Strukturen genauer zu vermessen als je zuvor. Werden wir dann auch erfahren, ob das Universum auf ewig expandieren oder sich doch einmal wieder zusammenziehen wird?

Materie. Aus dieser Zeit kündet die kosmische Hintergrundstrahlung. Es begann eine neue Ära, in der die Materie dominierte. Doch wie wir heute wissen, scheint das Universum seit etwa sechs Milliarden Jahren beschleunigt zu expandieren. Das heißt, dass nun auch die Materiedichte so weit abgenommen hat, dass die Dunkle Energie die Oberhand gewinnen konnte. Und ihre Dichte nimmt nicht in dem Sinne ab, wie das bei der Strahlung oder Materie der Fall war, denn die Dunkle Energie ist dem Raum selbst zu eigen.

Was aber bedeutet das für die Zukunft? Was letztlich weiter geschieht, hängt von den Eigenschaften der Dunklen Energie ab, so die aktuelle Annahme. Man geht davon aus, dass die Dichte der Dunklen Energie konstant bleibt, aber wirklich wissen wir das nicht. Wenn die Energiedichte tatsächlich gleichbleibt, wird sich die Expansion weiter beschleunigen und irgendwann ein Zustand erreicht sein, in dem das Universum quasi leer ist, da es durch die Expansion so weit ausgedünnt wurde, und nur noch der Raum exponentiell expandiert. In einem anderen Szenario könnte die Dunkle Energie zunehmen, dann würde auch die Expansionsrate mit der Zeit noch stärker exponentiell anwachsen. Die Ausdehnung wäre dann so stark, dass alle Materie in einem sogenannten Big Rip auseinandergerissen wird. Hierbei könnte sich wieder ein Zustand ergeben, der jenem der Inflation des Urknalls entspricht. Dann könnte wieder ein Teil der Raumenergie Teilchen und Antiteilchen erzeugen und es würde ein neuer Urknall stattfinden. Eine ganz ähnliche Situation gab es bereits schon einmal, nämlich zur Phase der Inflation zu Beginn des Universums. Auch damals war das Universum energiedominert und ansonsten leer, es gab weder Strahlung noch Materie, und es expandierte exponentiell. Dann geschah etwas, das Physiker als eine Art Phasenübergang bezeichnen: Ein Teil der Energie aus dem Raum „schwappte über“ und manifestierte sich in Teilchen und Antiteilchen. Diesen Moment bezeichnen Kosmologen mittlerweile als „Hot Big Bang“.

Angenommen, die Dunkle Energie würde tatsächlich irgendwann nicht mehr so konstant sein wie Astronomen sich das heute gerne vorstellen, sondern ihre Dichte würde mit der Zeit abnehmen: Dann würde sich das Universum immer langsamer ausdehnen, irgendwann würde die Expansion zum Stillstand kommen und sich schließlich in einen Kollaps umkehren.

Die Expansionsphase, in der wir uns derzeit befinden, lässt noch all diese hypothetischen Szenarien zu. So können wir nicht sagen, wie es einmal ausgehen wird. Tatsächlich kennen wir das Verhalten der Dunklen Energie noch nicht sehr genau. Die künftige Mission des Nancy Grace Roman Telescope soll diese Änderungen in der Dunklen Energie auf ein Prozent genau vermessen.

EIN ZYKLISCHES UNIVERSUM?

Doch wenden wir uns noch einmal dem Ursprung des Universums und dem heutigen Stand der Dinge zu. Das Modell eines expandierenden Universums mit einer inflationären Phase ganz zu Beginn lässt sich durch eine Vielzahl an Beobachtungen gut bestätigen. Aber es gibt eben auch Vorhersagen dieses Modells, die sich mit der aktuellen Datenlage nicht gut in Einklang bringen lassen und umgekehrt Beobachtungen, die nicht so gut zu dem Modell passen. Und so suchen Kosmologen immer wieder nach neuen, besseren Erklärungen und alternativen Modellen, die noch besser zu der Datenlage passen könnten.

Eine Hypothese, die in diesem Zusammenhang immer wieder aufgetaucht ist, zwischenzeitlich im Verborgenen weilte, aber seit einigen Jahren durchaus wieder salonfähig geworden ist, ist die Möglichkeit eines sich nach der Expansion wieder zusammenziehenden Universums, das zyklisch expandiert und schrumpft, wobei die Um-

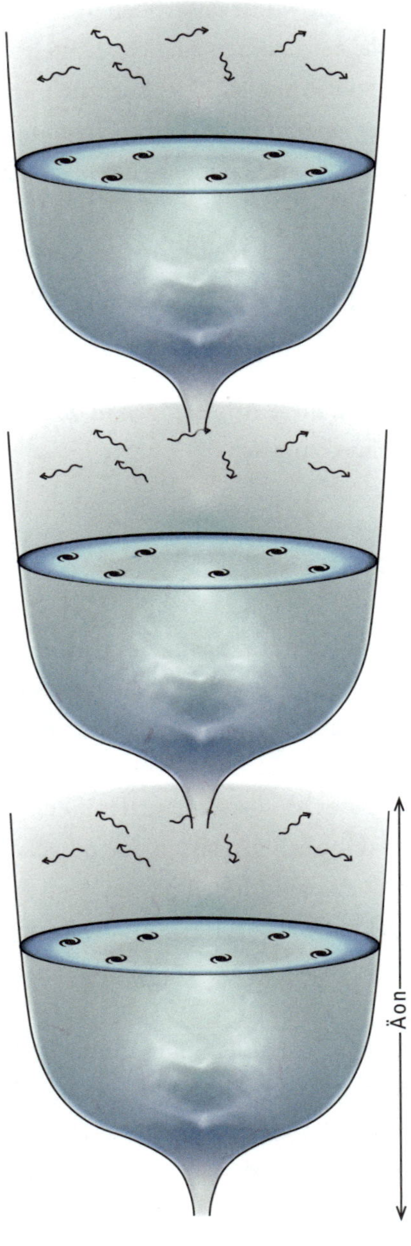

Penrose-Zyklus: Nach den Vorstellungen von Roger Penrose könnten wir in einem zyklischen Universum leben, das allerdings zu keinem Zeitpunkt kontrahiert. Am Ende eines Äons hat das expandierte Universum einen ähnlichen Zustand erreicht, wie er beim Urknall geherrscht hat, so dass daraus ein neues Äon mit neuem Urknall hervorgehen kann.

kehr zwischen Schrumpfen und erneutem Expandieren als „Big Bounce“ bezeichnet wird. Diese Idee ist gar nicht so neu, wie es scheinen mag. Bereits Gamow und Dicke spekulierten über ein zyklisches Universum als Alternative zum sich damals erst etablierenden Urknallmodell, später machte Roger Penrose eine Sondervariante davon hoffähig. 2005 stellte er seine Conformal Cyclic Cosmology – Konforme zyklische Kosmologie – vor. In diesem Bild reihen sich die Universen aneinander, beginnend mit einem Urknall wie das unsere, und expandieren ebenso beschleunigt. Der Zeitraum, über welchen hinweg dies geschieht, ist unbestimmt, Penrose selbst bezeichnet einen solchen Zyklus als Äon.

Im Gegensatz zu anderen zyklischen Modellen zieht sich das Universum nach dieser Vorstellung in keiner Phase wieder zusammen. Laut Penrose verlieren die Äonen die Erinnerung, wie groß sie jeweils beim Urknall beziehungsweise in der fernen Zukunft nach ewiger Expansion sind. So wird das Ende eines Äons physikalisch identisch mit dem Beginn eines neuen Äons und das vorangegangene kann – mathematisch konform – in das darauffolgende übergehen, das wieder mit einer inflationären Phase und einem Urknall beginnt.

Auch wenn sich dieses Modell mathematisch konstruieren lässt, ist es in Fachkreisen umstritten, zumal es sich kaum durch irgendwelche experimentellen Hinweise überprüfen lässt. Zwar sahen Penrose und einige seiner Kollegen in bestimmten Strukturen in den Planck-Daten des kosmischen Mikrowellenhintergrunds Hinweise auf verdampfte Schwarze Löcher aus einem Äon vor dem Urknall. Doch wird diese Interpretation mit sehr großer Skepsis beäugt.

Ein zyklisches Universum im Sinne des Big Bounce schlug Paul Steinhardt 2002 vor. Der theoretische Physiker vom Princeton Center for Theoretical Sciences hatte zuvor die Inflationstheorie maßgeblich mit weiterentwickelt. Doch nach wie vor unbefriedigend am Urknallmodell ist, dass sich sein Ursprung in einer Singularität physikalisch nicht beschreiben lässt, und auch die Inflation bringt ihrerseits einige Probleme mit sich. Dazu sind ziemlich viele Feinabstimmungen nötig, außerdem impliziert sie, dass gleichzeitig unendlich viele Universen entstehen können.

Steinhardts zyklisches Modell umgeht direkt einige Probleme des Urknallmodells, derenthalben die Inflationstheorie überhaupt erst eingeführt wurde. An dieser Theorie arbeitet auch die ungarische theoretische Physikerin Anna Ijjas, die derzeit am Center for Cosmology and Particle Physics an der New York University forscht. Den Berechnungen zufolge könnte das Modell einige Ungereimtheiten, denen das Inflationsmodell nicht gewachsen ist, ausbügeln. So sollten etwa Inhomogenitäten während des Schrumpf-Prozesses verloren gehen und das Universum in der Phase des Big Bounce geglättet werden.

Während das Universum zum Schluss des Schrumpfens immer dichter wird, gewinnt das Feld der Dunklen Energie wieder Energie zurück, indem es sich zusammenzieht; das Universum erwärmt sich und die Atome „verdampfen". Dann prallt alles voneinander ab und das Universum dehnt sich erneut aus.

PARALLELUNIVERSEN UND MULTIVERSEN

Darüber hinaus gibt es eine Reihe weiterer Vorstellungen des Universums, die zwar durchaus auf theoretischen, mathematisch nachvollziehbaren Modellen beruhen und einen weitaus umfassenderen Kosmos beschreiben, zum Beispiel in Form von Multiversen, aber ansonsten über Spekulationen kaum hinauslaufen, da sie jeder beobachterischer Grundlage entbehren. Über sie nachzudenken ist dabei nicht minder interessant oder gerechtfertigt. Finden wir uns dabei nicht in einer ähnlichen Situation wieder, wie einst zu Zeiten

Fantastisches Universum: Über die Zukunft des Universums oder auch über Multiversen nachzudenken, endet heutzutage wieder weitgehend in Spekulationen. Auch wenn wir dabei von unseren bisherigen wissenschaftlichen Erkenntnissen ausgehen, sind der Fantasie keine Grenzen gesetzt. Hier eine künstlerische Interpretation von Multiversen der Autorin selbst.

von Thomas Wright und Isaac Newton oder eben auch vor rund 100 Jahren?

Die Idee von Parallelwelten stammte zunächst aus einem Zweig der Quantenphysik. Demnach würde eine Vielzahl von Universen gleichzeitig existieren, in denen sämtliche Möglichkeiten einer denkbaren Realität jeweils Gestalt annähmen.

In der Kosmologie erhielt das Modell von Parallel- oder Multiversen Einzug mit der Idee einer inflationären Phase ganz zu Beginn der Genese unseres Universums. Nach Andrei Linde, einem jener Begründer der Inflationstheorie, kommt es unter bestimmten Bedingungen während der Inflation in bestimmten Raumgebieten spontan zu einer Art Phasenübergang, aus dem Strahlung und Teilchen hervorgehen und schließlich ein Universum, wie wir es wahrnehmen, entsteht. Nach dieser Vorstellung ist also der Raum an sich nicht erst mit dem Urknall entstanden. Vielmehr entstehen und entwickeln sich solche Universen blasenartig in einer Raumregion durch eben jene Phasenübergänge, während im übrigen Raum die Inflation einfach weitergeht. Vielleicht für immer und ewig, vielleicht aber setzt auch irgendwann anderswo ein Phasenübergang ein, aus dem ein anderes, blasenartiges Universum hervorgeht.

Überprüfen lässt sich diese Hypothese aber ebenfalls nicht, zumal ja noch nicht einmal gesichert ist, ob die Inflation überhaupt stattgefunden hat, auch wenn das inzwischen weitgehend anerkannt ist. Letztere nachzuweisen, sollte jedoch durchaus experimentell möglich sein (siehe Kapitel 3, S. 88).

Galaktischer Meilenstein: Ob in einem Paralleluniversum auch Galaxien wie diese existieren würden? Die 220 Millionen Lichtjahre entfernte Galaxie NGC 7038 wurde mit dem Hubble Space Telescope beobachtet, um die Methoden der kosmischen Entfernungsbestimmung aufeinander zu eichen.

AUSBLICK IN DIE NAHE ZUKUNFT

Ganz ähnlich wie sich die Forscher vor rund 100 Jahren den Kopf darüber zerbrochen haben, ob die Spiralnebel Teil der Milchstraße seien oder doch eigenständige Sternsysteme, und ob das Weltall statisch ist oder sich ausdehnt, haben wir heute ganz neue kosmische Nüsse zu knacken: Es sind diese großen Fragen nach der Inflation, der Dunklen Materie und der Dunklen Energie, die uns staunen lassen und die die Zukunft des Universums bestimmen.

So ist ein Großteil der derzeit geplanten Missionen und neuen High-Tech-Observatorien darauf ausgerichtet, diese Rätsel zu lösen. Mit einer Reihe an neuen Beobachtungsmöglichkeiten werden Astronominnen und Kosmologen in den nächsten Dekaden die Gelegenheit haben, sich diesen Fragen zu widmen.

Nach wie vor auf der Suche nach Anzeichen für eine Inflationsphase zu Beginn des Universums sind das South Pole Telescope (SPT), das SPUD/Keck Array und das BICEP-Experiment am Südpol. Sie werden ergänzt durch verschiedene Observatorien in der chilenischen Atacama, dem einzigen Ort auf der Erde, an dem die Luft ähnlich trocken wie am Südpol ist und der sich daher dazu eignet, die kosmische Mikrowellenhintergrundstrahlung vom Boden aus zu beobachten. Hiervon versprechen sich die Forscher, doch noch die vorhergesagten Signale von primordialen Gravitationswellen in der Hintergrundstrahlung zu finden, die während der Inflation das Universum durchdrungen haben sollten. Wäre das nicht der Fall, müsste man ernsthaft in Frage stellen, ob die Inflation tatsächlich stattgefunden hat.

Bereits jetzt stehen in der Atacama diverse Teleskope, die den kosmischen Mikrowellenhintergrund im Blick haben, darunter das POLARBEAR/Simons Array und das Atacama Cosmology Telescope. In Zukunft sollen sich Teleskope des CMB-S4-Experiments dazugesellen, von denen einige ebenfalls im Areal des Parque Astronómico angesiedelt sein werden und sechs weitere wiederum am Südpol.

Auch wenn Physiker und Kosmologen kein Signal messen, können sie daraus ihre Schlüsse ziehen. Und das muss erst einmal gar nicht bedeuten, dass die von ihnen vorhergesagte Quelle oder ein bestimmter physikalischer Prozess, der ein zu erwartendes Signal erzeugen sollte, überhaupt nicht existiert oder gar nicht stattfindet. Denn die

Klare Höhenluft: Die chilenische Atacama-Wüste in einer Höhe von 5200 Metern ist einer der trockensten Orte der Erde – ideal für astronomische Beobachtungen auch im Mikrowellenbereich. Von hier aus nehmen das Simons Observatory und das Atacama Cosmology Telescope den kosmischen Mikrowellenhintergrund ins Visier, um darin nach den Fingerabdrücken primordialer Gravitationswellen aus der Epoche der Inflation zu suchen.

Genauigkeit jeder Beobachtung ist zum einen durch die Messtechnologie begrenzt. Zum anderen können Störquellen das eigentliche Signal überdecken. Bei der Suche nach den Fingerabdrücken primordialer Gravitationswellen kann zum Beispiel Staub im Vordergrund ein ganz ähnliches Muster in der Mikrowellenstrahlung hervorrufen, und wenn das vermeintliche, indirekte Gravitationswellensignal an sich niedriger ist als jenes vom Staub im Vordergrund, würde man es einfach übersehen.

Seit dem Aufsehen um die überinterpretierten BICEP2-Beobachtungen von 2014 haben die Forscherinnen und Forscher der BICEP/Keck-Kollaboration wesentlich mehr Daten gesammelt, diese mit den Beobachtungen von Planck und WMAP verglichen und den Einfluss von galaktischem Staub auf die Daten sehr genau analysiert. So können sie mittlerweile sehr gut zwischen dem Störsignal durch Staub und einem möglichen echten Hinweis auf primordiale Gravitationswellen unterscheiden.

Mit diesem Wissen lassen sich inzwischen bestimmte Inflationsmodelle ausschließen, von denen entsprechend höhere Gravitationswellensignale zu erwarten wären. In den nächsten Jahren wird daher eine Klasse von Modellen mit schwächerem Gravitationswellensignal in den Fokus rücken. Die erneuerten BICEP/Keck-Teleskope am Südpol werden mit neuer Empfindlichkeitsstufe ausgestattet sein und zusammen mit dem ebenfalls am Südpol ansässigen South Pole Telescope sowie dem Simons Observatorium in Chile zu neuen Messgrenzen vorstoßen. So werden sich die Beobachtungen für die nächsten Jahre auf erdgebundene Teleskope beschränken. Ein weiteres Satellitenobservatorium plant die japanische Raumfahrtagentur, es soll aber erst im Jahr 2028 starten.

Bei der Frage nach der Natur der Dunklen Materie tappen die Astronomen schon wesentlich länger im Dunkeln. Zwar macht diese Substanz sich durch die Wirkung der Schwerkraft in Galaxienhaufen

Dunkle Geheimnisse: Die Euclid-Mission der ESA ist 2023 gestartet. Vom Orbit aus erkundet der Satellit die großräumige Struktur von Galaxien bis weit in die Vergangenheit und trägt dazu bei, die Rätsel um die Dunkle Materie und die Dunkle Energie zu lösen.

bemerkbar, doch mehr als dass sie eben über die Gravitation wechselwirkt, wissen wir auch hier nicht. Sämtliche Experimente in den leistungsstärksten Teilchenbeschleunigern waren in Bezug auf die Dunkle Materie bisher erfolglos, und auch in anderen teilchenphysikalischen Experimenten ließen sich bisher keine neuen, seltsamen Teilchen, die diese Substanz ausmachen könnten, oder deren Zerfallsprodukte nachweisen. Nicht umsonst mehren sich immer wieder

Zweifel daran, ob die Dunkle Materie überhaupt in der vermuteten Form existiert. Diskutiert wird eine Abweichung des Gravitationsgesetzes in Form der sogenannten Modified Gravitation, darunter die Modified Newtonian Dynamics, kurz MOND. Einer anderen Hypothese zufolge könnte sich die Dunkle Materie schlicht durch eine Vielzahl von kleineren primordialen, das heißt mit dem Urknall entstandenen, Schwarzen Löchern erklären lassen.

In einem *Nature*-Begleitartikel von 2018 schreibt die theoretische Astrophysikerin Lisa Randall: „Für einen Theoretiker, einen Beobachter ebenso wie einen Experimentalphysiker, ist Dunkle Materie ein vielversprechendes Forschungsziel. Wir wissen, dass sie existiert, …“ aber ihre wahre Natur kenne man nicht.

Seit 2023 ergründet die ESA-Mission Euclid vom Weltall aus noch einmal genauer die Natur von Dunkler Materie und auch von Dunkler Energie. Der Satellit wird rund ein Drittel des Himmels abscannen. Dabei wird Euclid seinen Blick auf die Strukturen von Galaxien und Galaxienhaufen bis zurück in eine Epoche von zehn Milliarden Jahren richten. So soll er die Verteilung von Dunkler Materie anhand des schwachen Gravitationslinseneffekts erfassen und erkunden, wie diese die Entwicklung und Strukturbildung auf großen Skalen seither beeinflusst hat.

Eng mit der Strukturbildung und vor allem der kosmologischen Entwicklung verknüpft ist auch hier wiederum die Fragestellung nach der Dunklen Energie, die die Expansion des Universums beschleunigt. So sollen die Beobachtungen von Euclid auch die baryonischen akustischen Oszillationen in großräumigen Strukturen von Galaxienansammlungen erkennen können, die seit der Frühzeit des Universums mit der Expansion mitgewachsen sind und auf diese Weise ein Abbild der Dunklen Energie ergeben.

Damit wird die Euclid-Mission an bisherige Durchmusterungen wie den Dark Energy Survey (DES) anschließen, der mit Teleskopen vom Boden aus durchgeführt wurde. In der großangelegten Suche mit dem Cerro Tololo Inter-American Observatory (CTIO) in den chilenischen Anden hat DES über mehrere Jahre hinweg in der Verteilung von hunderten Millionen von Galaxien akustische Oszillationen gesucht und tausende Supernovae erfasst, alles mit dem Ziel, die Ausdehnung des Universums näher zu bestimmen und der Dunklen Energie auf die Spur zu kommen. Ab voraussichtlich 2027 wird schließlich das Nancy Grace Roman Telescope die Beobachtungen von Euclid ergänzen.

Ein derzeit im Bau befindliches, neuartiges Radioteleskop, das Square Kilometre Array, kurz SKA, wird mit einer Anordnung von tausenden beweglichen, 15 Meter durchmessenden Parabolantennen sowie hunderttausenden kleinen Stabantennen an Standorten in Südafrika und Australien neben den bereits genannten Fragestellun-

Teleskopgigant: Auf dem Cerro Armazones in den chilenischen Anden entsteht mit dem ELT in 3046 Metern Höhe das leistungsstärkste bodengebundene Observatorium. Ab 2029 soll es das Universum mit neuer Technologie und Lichtempfindlichkeit erforschen, von Exoplaneten bis hin zu Schwarzen Löchern und Dunkler Materie.

gen auch kosmische Magnetfelder erforschen. Außerdem soll es anhand von Beobachtungen von Neutronensternen und Schwarzen Löchern die Allgemeine Relativitätstheorie auf den Prüfstand stellen und die Epoche der kosmischen Dämmerung untersuchen.

Wie die meisten der für die Zukunft geplanten Beobachtungsmissionen wird auch das Extremely Large Telescope, kurz ELT, das die ESO derzeit auf dem Cerro Armazones in Chile baut, diesen großen kosmologischen Fragen nachgehen können. Mit seinem 39 Meter großen Spiegel soll es ab Ende der 2020er-Jahre im Optischen und nahen Infraroten die Tiefen des Weltalls erkunden; das First Light ist für 2029 geplant. Neben den fernen Regionen des Kosmos wird es auch näher gelegene Ziele anvisieren: Es soll Sternen bei der Geburt zusehen und nach erdähnlichen Planeten suchen, die ihren Mutterstern in der sogenannten habitablen Zone umkreisen, jener Region um das Zentralgestirn, in der flüssiges Wasser auf einem festen Himmelskörper existieren kann.

Auf ähnliche Weise wird das James Webb Space Telescope seine Fähigkeiten als Hightech-Multitalent weiter ausspielen und nicht nur Ausschau nach den ersten Sternen und Galaxien halten, sondern auch mit Beobachtungen im nahen Kosmos dazu beitragen, diesen näher zu verstehen. Das JWST wird uns ebenso in der Exoplanetenforschung weiterbringen, denn es ist in der Lage, die Atmosphären von Exoplaneten so genau zu analysieren, dass sich die spektralen Signaturen von Molekülen eindeutig identifizieren lassen. Wenn ein Planet vor seinem Mutterstern vorüberzieht, enthält das Sternenlicht auch dasjenige des Planeten, und so lässt sich anhand der Spektralanalyse die Beschaffenheit der Atmosphären von Exoplaneten untersuchen und die Frage beantworten, ob es dort vielleicht Biomoleküle gibt, die auf Spuren von Leben hindeuten.

Wie bereits einige Aufnahmen gezeigt haben, wird das JWST uns noch einmal einen viel tieferen Einblick in die Sternentstehung geben,

Unerschöpflich: Die „Säulen der Schöpfung" hat bereits das Hubble-Weltraumteleskop abgelichtet. Mit dem James Webb Space Telescope ist noch einmal ein viel tieferer Blick hinter die Schleier von Gas und Staub gelungen – dorthin, wo junge Sterne gerade erst zu leuchten beginnen.

Kosmische Vielfalt: Eine der ersten Aufnahmen des Vera Rubin Observatory, die im Juni 2025 veröffentlicht wurde, zeigt den Virgo-Galaxienhaufen mit Umgebung so brillant wie kaum eine andere Aufnahme bisher.

als es bisher mit dem Hubble Space Telescope oder auch anderen Infrarotmissionen möglich war. Dank seines speziellen Wellenlängenbereichs kann es durch Gas- und Staubwolken hindurchblicken und wird von jenen Regionen, die das HST bereits beobachtet hat, hundertmal empfindlichere Aufnahmen liefern.

Im Sommer 2025 ging das Vera Rubin Observatory in Betrieb. Dieses neuartige Teleskop steht in den chilenischen Anden unweit des Gemini South Telescope und hat einen verhältnismäßig großen Blickwinkel. Damit ist es in der Lage, den Himmel in nur drei Nächten abzuscannen.

Auch dieses Teleskop ist zum einen den großen aktuellen Fragestellungen gewidmet: Anhand von schwachen Gravitationslinseneffekten ist es der Dunklen Materie und der Dunklen Energie auf der Spur. Komplementär dazu soll es kleinere Objekte wie Asteroiden im Sonnensystem aufsuchen, aber auch Novae und Supernovae in der

Milchstraße sowie die Milchstraße kartieren. Der Spektralbereich des Vera Rubin Observatory reicht vom nahen UV bis zum nahen Infrarot und ist damit sehr weit gespannt.

Das mit Abstand jüngste Forschungsgebiet ist die Gravitationswellenastronomie. Seit der ersten direkten Messung eines Gravitationswellensignals im Jahr 2015 ist die Beobachtung von Gravitationswellenereignissen Routine. Allerdings beschränken sich die irdischen Messungen auf Signale von stellaren Schwarzen Löchern oder Neutronensternen in Doppelsystemen, die miteinander kollidieren und zu einem größeren Schwarzen Loch verschmelzen. Denn die irdischen Detektoren sind durch ihre Größe auf einen Frequenzbereich zwischen 10 Hertz und 6 Kilohertz beschränkt.

Formationsflug: Die Weltraummission LISA soll ab 2035 erstmals Gravitationswellen vom All aus messen. Mit ihren riesigen Dimensionen kann der Frequenzbereich unter einem Hertz abgedeckt werden.

Sämtliche Gravitationswellen, die etwa solche Doppelsysteme während ihrer gegenseitigen Umrundung permanent aussenden, bevor sie sich vereinigen, aber auch Gravitationswellen von extrem massereichen Schwarzen Löchern in den Zentren von Galaxien oder die Kollisionen solcher Schwerkraftriesen, versetzen die Raumzeit bei niedrigeren Frequenzen in Schwingung und entgehen deshalb den irdischen Detektoren.

Um auch diese aufzuspüren, planen Astrophysiker Detektoren im All. Ab 2035 soll vom Weltraum aus das Gravitationswellenobservatorium LISA (Laser Interferometer Space Antenna) mit drei Satelliten in einer Dreiecksformation im Abstand von jeweils 2,5 Millionen Kilometern hinter der Erde fliegen. Wie die erdgebundenen Detektoren auch werden sie nach dem Interferometerprinzip arbeiten.

Mit einem Messbereich zwischen 0,1 Millihertz und 1 Hertz wird LISA Gravitationswellen von Doppelsternsystemen in unserer Milchstraße, aber auch von extrem massereichen Schwarzen Löchern in den Zentren ferner Galaxien messen können sowie von stellaren, kompakten Objekten, die ein sehr massereiches Schwarzes Loch umkreisen. Darüber hinaus soll LISA in der Lage sein, primordiale Gravitationswellen zu empfangen, die bestimmten Modellen nach während der Inflationsphase des Universums entstanden sind.

Eine völlig andere Methode, Gravitationswellen bei noch niedrigeren Frequenzen zu detektieren, bietet das Universum selbst, und zwar anhand von Pulsaren. Sie sind die präzisesten Uhren, die es gibt. Zieht eine Gravitationswelle vorüber, verzögert sich die Ankunft der Pulse vorübergehend minimal. Diesen Effekt machen sich Astrophysiker in sogenannten Pulsar Timing Arrays zunutze. In verschiedenen internationalen Kollaborationen beobachten sie bereits über mehrere Jahre hinweg mit Radioteleskopen jeweils eine größere Stichprobe an Radiopulsaren und suchen gezielt nach minimalen, aber systematischen Abweichungen in den Ankunftszeiten der Signale. Jüngste

Messungen deuten nun tatsächlich darauf hin, dass solche systematische „Störungen“ durch Gravitationswellen existieren könnten.

Nun bleibt abzuwarten, ob sich diese Funde in Folgemessungen bestätigen und erhärten. Falls ja, wird die spannende Frage sein, zu klären, ob das Hintergrundrauschen der Schwingungen der Raumzeit tatsächlich der inflationären Expansionsphase des Universums entstammt oder doch von astrophysikalischen Quellen.

Wie es aussieht, dürften wir in der nächsten Dekade also zunächst einmal die Fragen über unsere nähere kosmische Umgebung und das Universum heute klären können. Bis wir Antworten auf die wirklich großen Rätsel des Kosmos finden werden, wird wohl noch etwas mehr Zeit vergehen. In jedem Fall aber wird es in der Kosmologie spannend bleiben!

Verzerrte Pulse: Künstlerische Darstellung der Messung von Gravitationswellen anhand von Radiosignalen aus Pulsar Timing Arrays.

DANKSAGUNG

Mein Dank gilt dem Munich Institute for Astro-, Particle and BioPhysics, das mir die Teilnahme an der Konferenz „The Accelerating Universe 2.0: The Physics and Astrophysics of Dark Energy and Gravitation“ im November 2021 finanziell ermöglicht hat. Darüber hinaus habe ich Frau Simone Kronenwett von der Institutsbibliothek des Max-Planck-Instituts für Astronomie zu danken, die mich bei meiner Recherche zu diesem Buch mit Fachliteratur versorgt hat.

Für inspirierende Gespräche sowie wissenschaftliche Beratung möchte ich an dieser Stelle Frau Prof. Anna Frebel, Herrn Prof. Günther Hasinger, Herrn Prof. Andreas Malmendier, Frau Dr. Nadine Neumayer und Herrn Prof. Jochen Weller danken. Meiner lieben Kollegin Frau Dr. Janine Fohlmeister danke ich ganz herzlich für die elegante Umsetzung der Grafiken.

Mein besonderer Dank gilt Herrn Sven Melchert vom Kosmos-Verlag für sein Vertrauen in meine Arbeit und seine umsichtige Leitung des Projekts und ebenso meiner Lektorin Frau Susanne Richter für die sorgfältige Durchsicht des Manuskripts und ihre hilfreichen Kommentare. Darüber hinaus gilt mein Dank allen im Hintergrund an der Buchproduktion beteiligten Mitarbeiterinnen und Mitarbeitern des Kosmos-Verlags, ohne die so ein wunderschönes Buch nicht zustande gekommen wäre.

Nicht zuletzt gilt mein großer Dank meiner Familie und meinen Freundinnen und Freunden, die mir während der Arbeit an diesem Buch stets zur Seite standen, obwohl sie während der Zeit des intensiven Schreibens ihrerseits viel zu oft auf meine Gesellschaft verzichten mussten.

ÜBER DIE AUTORIN

Felicitas Mokler wurde 1976 in München geboren und wuchs in Germering auf. Als Kind wollte sie Astronautin werden, doch als 1986 die Challenger verunglückte, wurde ihr etwas mulmig, und sie beschloss, das Weltall lieber als Astrophysikerin von der Erde aus zu erforschen.

Ihr Interesse für den Sternenhimmel reicht so weit zurück, wie sie denken kann. Sie studierte Physik und Astrophysik am Imperial College London, verbrachte ein ERASMUS-Jahr an der Universidad de La Laguna de Tenerife und dem Instituto de Astrofísica de Canarias und schloss ihr Studium an der Ludwig-Maximilians-Universität ab, wo sie auch zu ihrer Arbeit über Planetenentstehung promoviert wurde. Nach einiger Zeit in der Forschung am Max-Planck-Institut für extraterrestrische Physik in Garching und einem Forschungsaufenthalt an der University of St Andrews wechselte sie zunächst in die Wissenschaftskommunikation. Sie war Redakteurin bei dem renommierten Astronomie-Magazin *Sterne und Weltraum*, arbeitet für die Fach- und Tagespresse und hat das Onlinemagazin *Die Weltraumreporter* (weltraumreporter.de) bei der RiffReporter eG gegründet. Für ihre Recherchen ist Felicitas Mokler nach wie vor auf internationalen Fachtagungen zu Gast. Sie ist Co-Autorin der Bücher *Polarlichter* und *Unter den Polarlichtern der Antarktis* (Knesebeck Verlag), im Kosmos-Verlag erschien ihr Buch *Astronomie und Universum*. 2008 erhielt sie den Klaus Tschira Preis für verständliche Wissenschaft, 2023 wurde sie mit dem Hanno und Ruth Roelin-Preis für Wissenschaftskommunikation ausgezeichnet. 2024 war sie Journalist in Residence am Heidelberger Institut für Theoretische Studien (HITS).

REGISTER

Kursive Seitenzahlen verweisen auf Abbildungen

T

U

V

W

Y, Z

BILDNACHWEIS

o = oben, u = unten, l = links, r = rechts

7: NASA, ESA, CSA, and STScI; 9: NSF–DOE Vera C. Rubin Observatory; 10: Courtesy Carnegie Observatories, Carnegie Institution of Washington; 12: NASA, ESA and the Hubble Heritage Team (STScI/AURA); 14: ESO/F. Char; 16: NASA, ESA, CSA, STScI; 18l: Thomas Wright: An original theory or new hypothesis of the universe/Wellcome Library; 18r: Thomas Wright: An original theory or new hypothesis of the universe/Wellcome Library; 20: Lowell Observatory/Linda Hall Library; 23: NOAO/AURA/NSF; 24: Yerkes Observatory/Nancy Roman/AIP Emilio Segrè Visual Archives; 25: NASA/ESA and The Hubble Heritage Team (STScI/AURA); 27o: Harvard College Observatory, courtesy of AIP Emilio Segrè Visual Archives; 27u: Arequipa Observatory, Digital Access to a Sky Century @ Harvard; 29: Edwin Hubble, 1929; 30: J. C. Muñoz/ESO; 33: ESO; 34: AIP Emilio Segrè Visual Archives; 37: Janine Fohlmeister; 39: ESO/Landessternwarte Heidelberg-Königstuhl/F. W. Dyson, A. S. Eddington, & C. Davidson; 40l: NSF/LIGO/Sonoma State University/A. Simonnet; 40r: ESA/Hubble & NASA; 41: iStock/bbuong; 43: Janine Fohlmeister; 44: Janine Fohlmeister; 45: Janine Fohlmeister; 46: ESA/Hubble, N. Bartmann; 50: NASA/SDO and the AIA, EVE, and HMI science teams; 52: ESO/VPHAS+ team/N.J. Wright (Keele University); 54: NASA, ESA, CSA, STScI, D. Milisavljevic (Purdue University), T. Temim (Princeton University), I. De Looze (University of Gent); 57: NASA; 59: ESO/Acknowledgement: Aniello Grado and Luca Limatola; 62: Janine Fohlmeister; 63: NASA/JPL-Caltech; 65: NASA; 68: Janine Fohlmeister; 72: CERN; 75: CERN/Daniel Dominguez; 76: IceCube/NSF; 78: CERN; 80: Janine Fohlmeister; 82: ESA/Hubble & NASA, ESO/ Lutz Wisotzki et al.; 86: NASA/COBE Science Team; 87: ESA and the Planck Collaboration; 89: Steffen Richter/ Harvard University; 90: ESA/NASA/JPL-Caltech; 92: llustration created by science artist Pablo Carlos Budassi (@pablocarlosbudassi); 93: llustration created by science artist Pablo Carlos Budassi (@ pablocarlosbudassi); 94: NASA, ESA, F. Ferraro (University of Bologna); 95: NASA, ESA, J. Mack, and J. Madrid et al.; 97: AIP Emilio Segrè Visual Archives, Rubin Collection; 99: Gerhard Weiland; 100: ESA/Euclid/Euclid Consortium/NASA, image processing by J.-C. Cuillandre, G. Anselmi, T. Li; 101: ESA/Euclid/Euclid Consortium/NASA, image processing by M. Walmsley, M. Huertas-Company, J.-C. Cuillandre; 102: NASA, Holland Ford (JHU), the ACS Science Team and ESA; 103: NASA, ESA, and M. Montes (University of New South Wales, Sydney, Australia); 105: NASA, ESA, CSA, STScI, CXC; 108: MPA Garching/Springel et al. (2005); 109: MPA Garching/Springel et al. (2005); 110 beide: TNG Collaboration; 115: D. Schlegel/Berkeley Lab using data from DESI, M. Zamani (NSF's NOIRLab); 116: N.R. Fuller/National Science Foundation; 119: NASA, ESA, G. Illingworth, D. Magee, and P. Oesch (University of California, Santa Cruz), R. Bouwens (Leiden University), and the HUDF09 Team; 120: NASA/STScI/CEERS/TACC/S. Finkelstein/M. Bagley/Z. Levay; 122: ESA/ Webb, NASA, STScI, CSA, JADES Collaboration, Brant Robertson (UC Santa Cruz), Ben Johnson (CfA), Sandro Tacchella (Cambridge), Phill Cargile (CfA), J. Witstok, P. Jakobsen, A. Pagan (STScI), M. Zamani (ESA/Webb) ; 123: NASA, ESA, CSA, B. Robertson (UC Santa Cruz), B. Johnson (Center for Astrophysics, Harvard & Smithsonian), S. Tacchella (University of Cambridge, M. Rieke (Univ. of Arizona), D. Eisenstein (Center for Astrophysics, Harvard & Smithsonian), A. Pagan (STScI); 124: ESA/Euclid/Euclid Consortium/NASA; ESA/Gaia/DPAC; ESA/Planck Collaboration; 126: The Thesan Collaboration; 128: ESA/Hubble & NASA; 131: ESO/M. Kornmesser; 133: MAGIC Collaboration/Giovanni Ceribella; 134: MPIfR/Y.Y. Kovalev et al.; 137: ESO/L. Calçada/M.Kornmesser; 138: Andrew Beardmore (Univ. of Leicester) and NASA/Swift; 139: The Virgo collaboration; 140: LIGO Scientific Collaboration; 141: N. Fischer, S. Ossokine, H. Pfeiffer, A. Buonanno (Max-Planck-Institut für Gravitationsphysik), Simulating eXtreme Spacetimes (SXS) Collaboration; 142: ESO/MPE/S. Gillessen et al.; 143: LIGO-Virgo-KAGRA/Aaron Geller/Northwestern; 144: NASA, ESA, and the Hubble Heritage Team (STScI/AURA); 145: ESO/José Francisco Salgado (josefrancisco.org), EHT Collaboration; 147o: Jordy Davelaar et al./Radboud University/BlackHoleCam; 147u: EHT Collaboration; 148o: George Wong; 148u: EHT Collaboration; 151: ESO, ESA/Hubble, M. Kornmesser; 153o: NASA GSFC/CIL/Adriana Manrique Gutierrez; 153u: ESA/Webb, NASA & CSA, D. Wylezalek, A. Vayner & the Q3D Team, N. Zakamska; 154: NASA, ESA and the Hubble Heritage (STScI/AURA)-ESA/Hubble Collaboration; 158: NASA, ESA, CSA, Data reduction and analysis: PDRs4All ERS Team; graphical processing S. Fuenmayor; 159: NASA/JPL-Caltech/N. Smith (University of Colorado at Boulder); 160: J. Hester/Arizona state University, NASA/ESA; 161: NASA/JPL-Caltech/GLIMPSE & MIPSGAL Teams; 163: ESA/Webb, NASA & CSA, Tazaki et al.; 165: NRAO/AUI/NSNRAO/

AUI/NSF; ALMA (ESO/NAOJ/NRAO); Herschel/ESA; NASA/JPL-Caltech; NOAOF; ALMA (ESO/NAOJ/NRAO); Herschel/ESA; NASA/JPL-Caltech; NOAO; 168–169: NASA's Goddard Space Flight Center; 170: NASA/JPL-Caltech; 172: NASA/CXC/M.Weiss; 173: ESO/M. Montargès et al.; 175: NASA's Goddard Space Flight Center Conceptual Image Lab; 177: NASA, ESA, J. Hester and A. Loll (Arizona State University); 178: Optical: NASA/HST/ASU/J. Hester et al. X-Ray: NASA/CXC/ASU/J. Hester et al.; 179: University of Warwick/Mark Garlick; 180: NASA and ESA; 182: ESA/Webb, NASA & CSA, J. Lee and the PHANGS-JWST and PHANGS-HST Teams; 183: ESO/MUSE consortium/R. Bacon; 184: ESO/Boccaletti et al.; 185: NASA, ESA, M. Robberto (Space Telescope Science Institute/ESA), the Hubble Space Telescope Orion Treasury Project Team and L. Ricci (ESO); 186: N.A. Sharp/NOIRLab/NSF/AURA; 187: DSS/NASA/ESA/AURA/Caltech; 188: ESO/INAF-VST/OmegaCAM. Acknowledgement: A. Grado, L. Limatola/INAF-Capodimonte Observatory; 191: NASA, ESA, B. Welch (JHU), D. Coe (STScI), A. Pagan (STScI); 192: NASA, ESA and the Hubble SM4 ERO Team; 195: MPE/IKI; 196: NASA's Goddard Space Flight Center; Image of Fermi all-sky map, with bubbles outlined courtesy of NASA/GSFC/DOE/Fermi LAT/D.Finkbeiner et al.; 199: NASA, ESA and the Hubble Heritage Team (STScI/AURA). Acknowledgment: J. Gallagher (University of Wisconsin), M. Mountain (STScI) and P. Puxley (NSF).; 200: Credit for Advanced Camera Data: NASA, ESA, A. Aloisi (STScI/ESA), J. Mack and A. Grocholski (STScI), M. Sirianni (STScI/ESA), R. van der Marel (STScI), L. Angeretti, D. Romano, and M. Tosi (INAF-OAB), and F. Annibali, L. Greggio, and E. Held (INAF-OAP); Credit for Wide Field Planetary Camera 2 Data: NASA, ESA, P. Shopbell (California Institute of Technology), R. Dufour (Rice University), D. Walter (South Carolina State University, Orangeburg), and A. Wilson (University of Maryland, College Park); 201: ESA/Hubble & NASA; 202: ESA/Hubble & NASA, ESO, J. Lee and the PHANGS-HST-Team; 204: NASA, ESA, CSA, STScI, Webb ERO Production Team; 205: KPNO/NOIRLab/NSF/AURA; Data obtained and processed by: P. Massey (Lowell Obs.), G. Jacoby, K. Olsen, & C. Smith (NOAO/AURA/NSF); Image processing: Travis Rector (University of Alaska Anchorage), Mahdi Zamani & Davide de Martin; 207: 3D-DASH program/Lamiya Mowla; 208: NASA, ESA, and The Hubble Heritage (STScI/AURA)-ESA/Hubble Collaboration; 209: ESA/Webb, NASA & CSA, J. Lee and the PHANGS-JWST Team; ESA/Hubble & NASA, R. Chandar; Acknowledgement: J. Schmidt; 212: NASA, ESA and the Hubble Heritage Team (STScI/AURA); 213: NASA, ESA, CSA, STScI, Webb ERO Production Team; 214: ESA/Hubble & NASA, J. Dalcanton, Dark Energy Survey, DOE, FNAL/DECam, CTIO/NOIRLab/NSF/AURA, SDSS; Acknowledgement: J. Schmidt; 215: NASA, ESA, and The Hubble Heritage Team (STScI/AURA); 217: ESO/Digitized Sky Survey 2; 218: ESA/Hubble & Digitized Sky Survey 2. Acknowledgment: Davide De Martin (ESA/Hubble); 219: ESA/Gaia/DPAC; 220: ESO/L. Calçada; 221: NASA, ESA, and T. Brown and S. Casertano (STScI); Acknowledgement: J. Anderson (STScI); 2220: Hubble Image: NASA, ESA, N. Smith (University of California, Berkeley), and The Hubble Heritage Team (STScI/AURA); CTIO Image: N. Smith (University of California, Berkeley) and NOAO/AURA/NSF; 222u: ESA/Gaia/DPAC; 224: NASA/ESA, The Hubble Key Project Team and The High-Z Supernova Search Team; 227: NASA, ESA, and R. Kirshner (Harvard-Smithsonian Center for Astrophysics and Gordon and Betty Moore Foundation) and P. Challis (Harvard-Smithsonian Center for Astrophysics); 229: Janine Fohlmeister; 230: Janine Fohlmeister; 231: Janine Fohlmeister; 232: Janine Fohlmeister; 233: NASA, ESA/Hubble and F. Courbin (Ecole Polytechnique Federale de Lausanne, Switzerland); 235: Janine Fohlmeister; 237: Janine Fohlmeister; 238: Janine Fohlmeister; 239: Janine Fohlmeister; 240: Kosmos Verlag; 243: Janine Fohlmeister; 245: NASA, ESA, and S. Beckwith (STScI) and the HUDF Team; 246: NASA, ESA/Hubble, HST Frontier Fields; 249: T.A. Rector (University of Alaska Anchorage), H. Schweiker & S. Pakzad NOIRLab/NSF/AURA; 251: NASA/JPL-Caltech; 252: NASA, ESA, A. Riess (STScI/JHU); 255: R. Brent Tully, Hélène Courtois, Yehuda Hoffman, Daniel Pomarède; 256: KPNO/NOIRLab/NSF/AURA; 257: ESO/VMC Survey; 258: NASA, ESA and A. Nota (ESA/STScI, STScI/AURA); 260o: ESASky/DSS; 260u: Kudritzki, R.P., Urbaneja, M.A., Gazak, J.Z., et al.: Astrophys. J. 747, 15 (2012); 261: NASA, ESA and the Hubble Heritage Team (STScI/AURA). Acknowledgment: A. Zezas and J. Huchra (Harvard-Smithsonian Center for Astrophysics); 262: ESO; 264: NASA's Goddard Space Flight Center/Scott Wiessinger (USRA), Ashley Balzer (ADNET), Jason D. Rhodes (JPL), Katarina Markovic (JPL); 265: DESI Collaboration and KPNO/NOIRLab/NSF/AURA/R. Proctor; 268: Janine Fohlmeister; 269: Janine Fohlmeister; 271: NASA/SVS; 274: Janine Fohlmeister; 277: Felicitas Mokler; 279: ESA/Hubble & NASA, D. Jones; Acknowledgement: G. Anand, L. Shatz.; 281: ACT Collaboration; 283: ESA/ATG medialab (spacecraft); NASA, ESA, CXC, C. Ma, H. Ebeling and E. Barrett (University of Hawaii/IfA), et al. and STScI (background); 285: ESO; 287: NASA, ESA, CSA, STScI; J. DePasquale, A. Koekemoer, A. Pagan (STScI); 288: NSF–DOE Vera C. Rubin Observatory; 289: University of Florida/Simon Barke (CC BY 4.0); 291: Tonia Klein/NANOGrav; 293: Felicitas Mokler.

IMPRESSUM

Umschlaggestaltung von Büro Jorge Schmidt, München, unter Verwendung einer Aufnahme der Galaxie Messier 106 (NASA, ESA, the Hubble Heritage Team (STScI/AURA) und R. Gendler).

Mit 112 Farb- und Schwarzweißfotos und 72 Illustrationen

Unser gesamtes Programm finden Sie unter **kosmos.de.**
Über Neuigkeiten informieren Sie regelmäßig unsere
Newsletter, einfach anmelden unter **kosmos.de/newsletter**

FSC www.fsc.org
MIX
Papier | Fördert gute Waldnutzung
FSC® C014889

Gedruckt auf chlorfrei gebleichtem Papier

2., aktualisierte Ausgabe

ISBN 978-3-440-18437-0
Redaktion: Sven Melchert
Gestaltung und Satz: typopoint GbR, Ostfildern
Produktion: Ralf Paucke
Druck und Bindung: Friedrich Pustet GmbH & Co. KG, Regensburg
Printed in Germany/Imprimé en Allemagne